Wafa Marouane

Effets protecteurs de la mauve sauvage contre le stress oxydatif

AF209877

Wafa Marouane

Effets protecteurs de la mauve sauvage contre le stress oxydatif

Effets protecteurs de la mauve sauvage contre la toxicité induite par le vanadium chez les rats mâles «Wistar"

Presses Académiques Francophones

Cover image: www.ingimage.com

Publisher:
Presses Académiques Francophones
is a trademark of
International Book Market Service Ltd., member of OmniScriptum Publishing Group
17 Meldrum Street, Beau Bassin 71504, Mauritius

Printed at: see last page
ISBN: 978-3-8416-3678-2

Wafa MAROUANE

Effets protecteurs de la mauve sauvage contre la toxicité induite par le métavanadate d'ammonium chez les rats mâles « Wistar »

Effets protecteurs de la mauve sauvage contre le stress oxydatif

Dédicaces

Je dédie ce livre

A mes très chers parents FATHIA et MONGI

Nulle dédicace ne peut exprimer ce que je vous dois pour vos grands sacrifices consentis pour mon éducation et ma formation afin de voir ce jour ci.

Que Dieu vous garde et vous protège de tout mal.

A mon cher mari

Pour son soutien continu et sa patience infinie, qu'il trouve ici le témoignage de mon profond amour et de mon grand attachement.

A mon grand frère AHMAD et ma sœur AMANI

Je vous dédie ce livre qu'il soit l'expression de ma profonde gratitude et de mon amour.

Je vous souhaite tout le bonheur du monde et une vie pleine de réussites.

A ma tante MOUHIBA et toute sa famille

Pour leur aide, leur encouragement, et leur soutien moral ;

Que Dieu vous prête une longue vie pleine de bonheur.

A mes amies et mes proches

Wafa

Remerciements

Je tiens tout d'abord à remercier sincèrement Monsieur **Sofiane BEZZINE**, Maître de Conférences à l'Institut Supérieur de Biotechnologie de Sfax, qui m'a fait l'honneur d'avoir accepté d'examiner ce livre.

Je tiens particulièrement à remercier Monsieur **Mohamed DAMAK**, Pharmacien Phytothérapeute, pour sa rigueur scientifique et ses encouragements.

Je tiens à exprimer mes sincères remerciements à Madame **Ahlem SOUSSI**, Assistante à la Faculté des Sciences de Gafsa. J'ai apprécié ses qualités scientifiques, sa disponibilité et sa modestie. J'ai l'agréable devoir de lui exprimer ma reconnaissance pour l'aide, la confiance et les précieux conseils qu'elle n'a cessés de me prodiguer tout le long de mon livre.

Tous mes remerciements à Monsieur **Abdelfettah El FEKI**, Professeur et Directeur du laboratoire d'Ecophysiologie Animale à la Faculté des Sciences de Sfax. Qu'il retrouve ici l'expression de ma grande reconnaissance pour les efforts qu'il a fournis pour que ce livre se passe dans les meilleures conditions.

Je remercie vivement tout le personnel du laboratoire d'Ecophysiologie Animale de la Faculté des Sciences de Sfax qui m'a aidé dans la réalisation de ce livre, en particulier Madame **Fatma GHORBEL**,

3

Madame **Manel** BOUJELBEN et Monsieur **Khaled** BELLASSOUAD pour leur immense aide et leur encouragement incessant.

Je tiens fort à exprimer ma vive reconnaissance et mes remerciements les plus distingués à mes amies, **Chedli BOUZID**, **Mariem** AYADI, **Malek** MSEDDI et **Amira** LOUKIL pour leur disponibilité, leur soutien moral et leur encouragement continu.

Liste des abréviations

ADN	Acide désoxyribonucléique
ADP	Adénosine diphosphate
AG	Acide gras
AMP	Adénosine monophosphate
ATP	Adénosine triphosphate
BSA	Bovine sérum albumine
CI50	Concentration de 50 % d'inhibition
DPPH	2,2-diphényl-1-picrylhydrazyl
DTNB	5,5'-Dithio-bis (2-Nitrobenzoic Acid)
EDTA	Ethylène Diamine Tétra-acétique
EOA	Espèces oxygénées actives
GH	Grouth hormone
GSH	Glutathion
GSH-Px	Glutathion- Peroxydase
H_2O_2	Peroxyde d'hydrogène
LDL	Low Density Lipoprotein
MDA	Malone dialdéhyde
NBT	Nitroblue Tetrazolium
$O2^-$	Anion Superoxyde
PLA_2	Phospholipase A2
RL	Radicaux libres
S9	Surnageant 9000 tours/min (cytosol)
SOD	Super oxyde dismutase
TBA	Thiobarbituric acid
TBARS	Thiobarbituric acid reactive species
TBS	Tris buffered saline (tampon tris/NaCl).
V	vanadium

Sommaire

Introduction générale

La vie moderne nous confronte à la pollution atmosphérique, l'un des principales situations qui provoquent une surproduction des espèces oxygénées actives (EOA) dans notre organisme. Ceci conduit à un affaiblissement de nos défenses antioxydantes et également à l'apparition des dégâts cellulaires. La situation se complique puisque l'alimentation actuelle n'est plus suffisamment saine et qui, de ce fait, nous apporte de moins au moins d'antioxydants naturels nécessaires pour contrôler les effets nocifs de l'oxygène. Cette situation est à l'origine de la production d'un état de stress oxydatif (ANKE, 2004).

D'une manière générale, le stress oxydant se produit lorsque la production des EOA dépasse le mécanisme de défense du corps.

Plusieurs travaux ont montré que le stress oxydant est impliqué dans de nombreux phénomènes physiologiques (vieillissement…) et pathologiques (athérosclérose, cancer, inflammation, diabète…) (KERKENI, 2002)

Parmi les facteurs connus pour générer le stress oxydant, on cite le vanadium et d'autres métaux lourds comme le plomb, le cadmium, le nickel…. (VALKO et al., 2006 ; SOUSSI et al., 2006).

Le vanadium est un ultra-oligo-élément présent dans le monde animal et végétal (AMAR et al., 2007). Ces principales sources sont l'alimentation et la poussière atmosphérique. En effet, les sels de vanadium sont largement utilisés dans la régulation des différents processus physiologiques tels que la croissance cellulaire et le métabolisme des glucides et des lipides (GOC, 2006).

En outre, ces composés de vanadium ont divers usages pharmacologiques participant dans le traitement de diabète de type 1 et 2 (THOMPSON, 2004 ; SOUSSI et al., 2006), dans les contraceptifs vaginaux (D'CRUZ et al., 1998) et dans l'activité anti-VIH (FAWCETT et al., 1997).

13

Cependant, malgré son utilité, les effets toxiques du vanadium sont bien établis chez l'animal et chez l'homme (AMAR *et al.*, 2007). Comme d'autres métaux de transition, le vanadium est capable de générer les radicaux hydroxyles réactifs et provoquant la modification des enzymes antioxydantes (SOUSSI *et al.*, 2006).

D'autres travaux ont montré que l'excès du vanadium peut provoquer des dommages au niveau des macromolécules biologiques tels que l'ADN, les protéines et les lipides (BARTSCH ,2000 ; SOUSSI *et al.*, 2006) ainsi que des altérations des systèmes rénal et reproducteur.

Toutefois, de nombreux travaux ont été effectués pour identifier les molécules susceptibles de protéger l'organisme contre le stress oxydant. Les polyphénols, qui sont largement répandus dans la nature et présents dans les fruits, les légumes, le vin (MASELLAT *et al.*, 2005) et surtout les plantes médicinales à savoir la mauve, le thé vert, le noyer, … (BILLETER *et al.*, 1991 ; SOUSSI *et al.*, 2006), sont considérés parmi les antioxydants naturels exogènes les plus importants. En effet, plusieurs études indiquent que les polyphénols sont succeptibles de protéger indirectement l'activité des systèmes des défenses enzymatiques (MASELLAT *et al.*, 2005).

De plus, les flavonoïdes sont caractérisés par des activités biologiques puissantes anti-allergiques, anti-inflammatoires et antivirales (MASELLAT *et al.*, 2005).

Du fait que plusieurs études ont montré que les flavonoïdes possèdent des propriétés antioxydantes et sont capables de capter les radicaux libres (SANTOS *et al.*, 1997), l'objectif de notre travail est d'étudier l'effet de la mauve « in vitro » sur les activités antioxydantes et « in vivo » sur le statut oxydatif ainsi que d'autres fonctions métaboliques telles que la croissance générale, l'exploration de certains biomarqueurs physiologiques de la toxicité et l'exploration du statut antioxydant.

Données bibliographiques

LE VANADIUM

Le vanadium est un élément chimique de symbole « V » et de numéro atomique 23. Il appartient aux métaux de transition. C'est un métal rare blanc, mou et ductile, de masse atomique 50,9415. Il possède une bonne résistance à la corrosion par les composés alcalins ainsi qu'aux acides chlorhydrique et sulfurique. Le vanadium n'est présent dans la nature que sous la forme d'un seul isotope : V_{51}.

I. SOURCES DU VANADIUM

1. Sources naturelles

Le vanadium est un élément naturellement abondant et très largement répandu. Il constitue environ 0,02 % de la croûte terrestre, soit une concentration moyenne de 135 $\mu g.g^{-1}$ de poids sec (NRIAGU, 1998). Il est ainsi le 21ème élément en abondance. Il se trouve dans la croûte terrestre et principalement dans les roches basaltiques et les schistes (ANKE, 2004). On le retrouve surtout sous la forme de minerais de vanadite, de patronite ou de carnotite. (NRIAGU, 1998).

Dans l'environnement, le vanadium offre une chimie complexe. Dans les minéraux, le degré d'oxydation du vanadium peut être de +3, +4 ou +5. Par dissolution dans l'eau, V^{3+} et V^{4+} sont rapidement oxydés au degré +5, constituant la forme la plus stable du vanadium dans le milieu. Cette espèce, appelée vanadate, se polymérise en solution et forme des dimères et des trimères, surtout en solution concentrée.

Dans l'eau de mer, le vanadium est présent en faible concentration, de l'ordre de 1 à 3 $\mu g.l^{-1}$ pour le vanadium dissous. Le vanadium adsorbé aux particules en suspension dans l'eau de mer atteint une concentration de

$0,1\mu g.l^{-1}$ (HOPE, 1994). Dans l'océan, le vanadium est donc majoritairement sous forme dissoute ; sa concentration varie selon les zones géographiques (MIRAMAND et FOWLER, 1998). Des valeurs élevées pouvant atteindre 23 $\mu g.l^{-1}$ ont ainsi été relevées dans les eaux souterraines du Mont Fuji au Japon (HAMADA, 1998).

Dans les sédiments marins, les concentrations varient de 20 à 200 $\mu g.g^{-1}$ de poids sec, avec des valeurs maximales dans la zone littorale (MIRAMAND et FOWLER, 1998).

Le vanadium se trouve aussi dans les aliments d'origines végétale ou animale, on le rencontre dans les fruits de mer, les champignons et également dans les légumes verts et les fruits (SOUSSA, 2005). En effet, tous les aliments riches en amidon et sucre, ou d'origine animale sont pauvres en vanadium (5-40 µg vanadium/kg de poids sec), alors que les champignons et les légumes verts contiennent des teneurs plus élevées (100 à >1000 µg vanadium/kg de poids sec). La bière et le vin contiennent aussi des concentrations élevées de vanadium (30 à 45 µg vanadium/l) (ANKE, 2004).

Les apports alimentaires nécessaires de vanadium sont de 10 à 20 µg/j chez l'adulte. Cependant, à très fortes doses, le vanadium peut entraîner des problèmes digestifs tels que les diarrhées et les vomissements (SOUSSA, 2005).

2. Sources anthropiques

L'importance industrielle du vanadium est considérable. Environ 90 % de la production mondiale est utilisée dans l'industrie métallurgique pour la fabrication d'alliages ferreux : les ferrovanadiums. Ils entrent dans la préparation d'aciers spéciaux pour en augmenter l'élasticité et présentent une grande résistance à l'usure et aux chocs. Les aciers au vanadium permettent entre autres, la fabrication d'outils résistants à grande vitesse, de ressort et de soupapes d'échappement.

Le vanadium est extrait de différents minerais ; son extraction a eu lieu principalement en Afrique du sud, en Russie et en Chine. Lors de la fusion du minerai de fer, il se forme un laitier contenant du pentoxyde de vanadium (V_2O_5) qui servira pour la production du métal. Le pentoxyde de vanadium est utilisé comme catalyseur pour des réactions chimiques, par exemple lors de la production d'acide sulfurique (NRIAGU, 1998) ou de l'anhydre maléique et dans l'oxydation de l'éthanol (BASTARACHE, 2002). Certains sels de vanadium sont également employés comme insecticides (NRIAGU, 1998).

De plus, le vanadium entre dans la composition du pétrole et du charbon, à des concentrations variables selon les sites d'extraction. La combustion des produits pétroliers et du charbon en libère des quantités importantes dans l'atmosphère, de l'ordre de quelques dizaines de ng.m^{-3} (ZAWISLAK, 1991). Bien que les quantités libérées varissent selon les zones géographiques (MAMANE et PIRRONE, 1998), les combustibles fossiles constituent la source la plus importante de la pollution environnementale : 90 % du vanadium émis chaque année, lors de phénomènes naturels ou lors d'activités humaines, proviennent de la combustion du pétrole ou du charbon. En 2000, 74000 tonnes de vanadium ont été émises dans l'atmosphère du fait des activités industrielles (NRIAGU et PIRRONE, 1998).

Les particules émises dans l'atmosphère lors des combustions retombent avec les pluies fluviales et constituent la principale source de contamination des océans. Les effluents industriels et domestiques contaminant les estuaires représentent aussi une source de contamination océanique non négligeable. Les fuites observées dans ce milieu lors de l'extraction du pétrole, de sa manipulation ou de son transport représentent également une autre source de contamination. Au niveau côtier, les concentrations de vanadium peuvent être très variables (ROUX *et al.*, 2001). Ces auteurs rapportent des concentrations allant de 0,61 à 7,1 $\mu g.l^{-1}$ dans la zone côtière en Mer Noire.

II. TOXICOLOGIE DU VANADIUM

Les informations disponibles sur la toxicologie du vanadium sont limitées aussi bien chez l'homme que chez les animaux.

1. Pharmacocinétique

a. Résorption

Le vanadium pénètre dans l'organisme par voie respiratoire, orale ou cutanée.

Des expérimentations animales sur des installations intratrachéales ont montré que le vanadium est résorbé de manière significative par voie respiratoire (SHARMA *et al.*, 1987).

Le vanadium ingéré est très faiblement résorbé au niveau du tractus digestif (moins de 1 %). Sa résorption est influencée, d'une part par la composition des aliments et, d'autre part, par l'état d'oxydation du vanadium (ZAWISLAK, 1991). Ainsi, les sels de vanadate (état d'oxydation +5) sont mieux résorbés que les sels de vanadyl (+4) (BARCELOUX, 1999). Dans l'estomac, le vanadate présent dans l'alimentation est réduit en vanadyl par le glutathion et d'autres agents réducteurs. Le vanadyl est la forme résorbée par les cellules entériques (NECHAY *et al.*, 1986). Aucune métalloprotéine spécifique du vanadium n'a encore été identifiée : le vanadyl serait complexé à des protéines et à

19

des petites molécules comme l'ATP, l'ADP, l'AMP, les phosphates et le glutathion.

Aucune étude sur la résorption percutanée n'est à notre disposition.

b. Transport et distribution

Le vanadium est transporté par des protéines non enzymatiques contenant du fer, comme la transferrine, la ferritine hépatique et la lactoferrine. Dans les hématies, il se fixe à l'hémoglobine ; la demi-vie du métal dans le sang est inférieure à une heure. Dans le plasma, le vanadium est sous forme de vanadate à l'état d'oxydation +5 (V^{+5}) ; dans les tissus, il se présente sous la forme de vanadyl à l'état d'oxydation +4 (V^{+4}), du fait du milieu largement réducteur (NECHAY et al., 1986).

Dans les cellules, à pH neutre, la forme vanadyl est prédominante. Le vanadium entre dans les cellules par des mécanismes d'échanges ioniques dans lesquels un équilibre est maintenu entre les différents états d'oxydation du vanadium. Par ordre d'importance, le vanadium est principalement distribué dans le noyau puis dans les mitochondries, le cytosol, les lysosomes et les microsomes (SAEKI et al., 1999).

Les études sur des modèles animaux montrent que le vanadium s'accumule principalement dans les reins, le foie et les os et, plus faiblement, au niveau des poumons et de la thyroïde (TSIANI et FANTUS, 1997). Il est probable que la majorité du vanadium ingéré soit excrété et que le reste s'accumule, en premier lieu dans les tissus osseux (notamment ceux en croissance), puis dans le foie et dans les reins (MACKEY et al., 1996). En effet, chez le rat, 10 à 25 % du vanadium administré par la voie trophique se retrouve dans les os après trois jours, 5 % dans le foie, 4 % dans les reins et 0,1 % dans la rate (SANCHEZ et al., 1997). Le tissu osseux apparaît comme le site de rétention à long terme du vanadium dans l'organisme (Domingo, 1996).

Il a également été démontré que le vanadyl est capable de franchir la barrière foeto-placentaire (Paternain *et al.*, 1990).

D'autre part, la distribution du vanadium est liée à celle du fer : chez les poulets déficitaires en fer, une augmentation des concentrations hépatiques et rénales en vanadium est observée (BLALOCK et HILL, 1988). En effet, le vanadium étant transporté par une transferrine, occupe les sites du fer laissés vacants et ainsi sera bioaccumulé plus rapidement dans les organes de stockage. D'autres interactions ont aussi été observées chez cette espèce entre le vanadium et les phosphates d'une part et, d'autre part, entre le vanadium et les chlorures (HILL, 1994).

L'accumulation du vanadium dans le foie en fonction de l'âge a été montrée pour quelques espèces de mammifères marins, mais cette accumulation reste à confirmer sur un plus grand nombre d'individus, d'espèces et de régions différentes (SAEKI *et al.*, 1999).

c. Excrétion

La voie principale de l'excrétion du vanadium est la voie urinaire. Le vanadium résorbé est rapidement éliminé par voie urinaire, sous la forme VO^{2+}, avec une demi-vie chez l'homme, de 20 à 40 heures (BARCELOUX, 1999) et chez le rat de 12 jours. Une partie du vanadium résorbé entre dans le cycle entéro-hépatique et est ensuite éliminé par voie biliaire. La majeure partie du vanadium, non résorbée, s'élimine par voie fécale.

2. Pharmacologie

Le vanadium semble être essentiel pour les systèmes enzymatiques qui fixent l'azote atmosphérique. Ainsi, il est le cofacteur de nitrogénases présentes chez des bactéries, du genre *Azotobacter* et d'haloperoxydases chez quelques algues et lichens (REDHER et JANTZEN, 1998 ; WEVER et HEMRIKA, 1998). L'haloperoxydase joue un rôle dans le fonctionnement de la glande thyroïde chez les mammifères, ce qui explique en partie l'action du vanadium sur la croissance et le développement des jeunes individus (BLOTCKY *et al.*, 1994).

Chez les mammifères, la question du rôle essentiel du vanadium reste ouverte et les divergences d'opinion sont nombreuses. Ainsi, MACKEY *et al.*(1996) affirment que, si le vanadium est essentiel, il l'est à des doses très faibles, de l'ordre de quelques nanogrammes par jour. Au contraire SAEKI *et al.*(1999) montrent que le vanadium a le même comportement que certains métaux non essentiels à l'organisme tels que le mercure ou l'argent.

Les nombreux effets métaboliques de cet élément sont principalement dus à son rôle d'inhibiteur ou d'activateur de certaines enzymes (ZAWISLAK, 1991).

a. Actions biochimiques

Le vanadate (VO_3^-), en se substituant au phosphate, inhibe surtout la Na^+K^+-ATP ase membranaire qui commande l'activité de la « pompe à sodium- potassium » cellulaire et occupe une place importante dans le fonctionnement cellulaire. Ceci entraîne une perturbation du fonctionnement de la pompe se répercutant par une action sur le tonus des muscles vasculaires (ZAWISLAK, 1991).

Ainsi, des expériences « in vitro » ont montré qu'une alimentation riche en vanadium entraîne au niveau du cœur, une hypertension artérielle et une diminution du débit des petites artères coronariennes, ayant pour conséquence une diminution de la puissance de contraction ventriculaire.

Par contre, pour des personnes diabétiques, le vanadium empêche les altérations des performances cardiaques propres à cette maladie (HEYLIGER et al., 1985).

De même, le vanadate provoque une vasoconstriction de l'artère rénale.

Enfin, l'inhibition de la pompe à sodium par le vanadate entraîne des perturbations de la fonction neuronale. Dans le tissu nerveux, le vanadate d'ammonium, à haute concentration (1 mM), inhibe les phosphatases alcalines et acides et perturbe ainsi le métabolisme phosphorique dans ce tissu (PARSADANIAN et al., 1998).

b. Actions métaboliques

Le vanadium, par ses propriétés pharmacologiques et physiologiques, agit aussi bien sur le métabolisme des glucides que sur celui des lipides, sur les os ou encore sur la prolifération cellulaire.

Le vanadate pourrait jouer un rôle dans la régulation du métabolisme du glucose du fait de ses propriétés mimétiques de l'insuline (insuline-like) (HEYLIGER et al., 1985 ; TISANU et FANTUS, 1997 ; GOLDWASSER et al., 2000). Ces propriétés mimétiques peuvent suggérer le rôle du vanadate dans le traitement du diabète (BADMAEV et al., 1999), ce qui donne au vanadium une importance médicale non négligeable ; le vanadium et ses composés ont une fonction insulinomimétique dans les systèmes cellulaires isolés, ils entraînent des diminutions importantes du taux de glucose sanguin chez les sujets atteints de diabètes. Le vanadium augmente l'activité du transport de glucose et améliore son métabolisme (ANKE, 2004).

De plus, le vanadate peut être administré oralement et remplacerait l'insuline injectée quotidiennement par voie cutanée, car cette molécule n'est pas résorbée par voie orale.

Cependant, la toxicité potentielle du vanadium, testée sur des animaux de laboratoire, pose un problème majeur pour une application thérapeutique contre le diabète (DOMINGO, 1996).

Expérimentalement, il a été démontré que les sels du vanadium auraient des effets anti-cancéreux sur des carcinogenèses induites chimiquement sur des animaux, en modifiant principalement des composés xénobiotiques et en inhibant ainsi des métabolites activés par la carcinogenèse (EVANGELOU, 2002).

3. Toxicité du vanadium

Selon RAMADE (1992), la nature et l'étendue des manifestations toxiques dans l'organisme exposé dépend d'une série de facteurs :

✓ La dose et la durée d'exposition ;

✓ Les facteurs liés à l'hôte tels que l'espèce, l'individu, le sexe, l'état hormonal, l'âge, l'état nutritionnel et les maladies ;

✓ Les facteurs liés à l'environnement ;

✓ Les interactions chimiques.

La toxicité du vanadium découle notamment de ses implications dans l'activité de nombreuses enzymes. Elle a principalement été étudiée chez les animaux de laboratoire ou *in vitro* (ETCHEVERY et CORTIZO, 1998).

a. Intoxications iatrogènes

A des doses situées entre 1 à 8 mg/j on n'a pas observé d'effet indésirable particulier. En revanche, des doses de tartrate d'ammonium et de vanadium, variant entre 50 et 150 mg/j, ont provoqué (BASTARACHE, 2002) :

✓ l'asthénie ;

✓ une coloration verdâtre de la langue ;

✓ des douleurs abdominales et des selles molles.

b. Intoxications aigues par ingestion

Il y a deux cas décrits dans la littérature médicale mondiale suite à l'ingestion de sels de vanadium.

Dans le premier cas recensé en Pologne, la dose ingérée de pentoxyde est inconnue et le tableau clinique comprenait :

✓ une gastroentérite hémorragique sévère ;

✓ une hypovolémie ;

✓ des troubles électrolytiques (hypokaliémie et hyponatrémie).

Dans le deuxième cas, la dose ingérée a été de 10 à 15 g de métavanadate de sodium et le tableau clinique comprenait :

✓ des nausées ;

✓ des vomissements et des diarrhées ;

✓ une coloration verdâtre de la langue et des gencives ;

✓ une gastrite érosive.

c. Intoxications professionnelles
❖ intoxication aigue
➢ par projection

La projection accidentelle sur la peau et/ou dans l'œil d'une solution concentrée de chlorures ou d'oxydes de vanadium provoque des brûlures chimiques d'aspect non spécifique, d'intensité variable selon la précocité de la décontamination.

➢ Par inhalation

L'inhalation de vapeurs, fumées ou poussières d'oxydes entraîne des accidents respiratoires allant de la simple irritation rhinopharyngée et trachéale à la broncho-pneumopathie chimique.

En l'absence de protection individuelle adéquate, on peut rencontrer :

✓ Conjonctivite superficielle ;

✓ Rhinite avec épistaxis ;

✓ Toux sèche violente ;

✓ Crachats parfois verdâtres ;

✓ Douleurs thoraciques ;

✓ Dyspnée d'effort ;

✓ Un bronchospasme pouvant se prolonger jusqu'à plusieurs semaines.

En cas d'inhalation massive, les troubles respiratoires peuvent s'accompagner de signes généraux non spécifiques tels que :

✓ L'asthénie ;

✓ Céphalées frontales intenses ;

✓ Sensations ébrieuses ;

✓ Nausées ;

✓ Goût métallique dans la bouche ;

✓ Erythème prurigineux.

❖ intoxication chronique
➢ effets locaux

Un goût métallique et une coloration verdâtre de la langue, chez des travailleurs dans des usines, représentent des signes caractéristiques d'un empoussièrement massif du poste de travail et d'une insuffisance des équipements de protection individuelle.

➢ Effets digestifs

La déglutition des particules inhalées peut être responsable des signes digestifs mineurs comme l'épigastrologie et les selles molles qui sont rapidement réversibles à la fin de l'exposition.

➢ Effets sur la peau

Dans une étude suédoise on a rapporté des cas de dermite sèche exzématiforme, au pourtour des masques de protection respiratoire, aux mains, poignets et avant-bras.

➢ Effets respiratoires

L'exposition répétée aux poussières et fumées peut provoquer des signes irritatifs des voies aériennes et des manifestations asthmatiformes.

Les pathologies de la sphère O.R.L consistent en une rhinite ainsi qu'une pharyngite et/ou laryngite.

Les biopsies de la muqueuse nasale ont démontré une atteinte inflammatoire non spécifique.

Les troubles pulmonaires peuvent engendrer des toux, des sifflements thoraciques ou des crises dyspnéiques retardées ainsi qu'une hyperréactivité bronchique non spécifique (HRBNS) durable.

➢ Effets sur le développement

Chez l'animal et à fortes doses, le vanadium peut affecter de façon significative le développement osseux et être associé à des fractures de la colonne vertébrale, mais pas l'implantation.

LA MAUVE

La mauve est une plante médicinale appelée *Malva sylvestris* et appartient à la famille des malvacées (malvaceae).

Figure 1 : Malva sylvestris

- Synonyme (s) du nom scientifique : *Malva erecta* Gilibert, *Althaea sylvestris* Garke.
- Nom commun : grande mauve, mauve sauvage, mauve sylvestre, mauve de bois.
- Nom anglais : mallow.
- Partie (s) utilisée (s) : fleurs et feuilles (ZAZIE, 2004).
- Habitat et origine : Native en Europe, en Asie occidentale et en Afrique du nord, elle se rencontre à l'état spontané dans la plupart des pays tempérés du globe (DEBUIGNE et COUPLAN, 2006).

Les mauves aiment les sols bien drainés. Elles forment un beau rideau de fleurs et de verdures à l'arrière plan des parterres ensoleillés.

I. HISTORIQUE

Très appréciée depuis l'Antiquité, la mauve était considérée comme une plante sacrée qui « libère l'esprit ».

Cette plante a été cultivée, consommée par les populations préhistoriques comme légume pour la qualité de ses feuilles et mangées cuites dans les soupes, en ragoûts ou bien de la même manière que les épinards.

II. DESCRIPTION

1. Les feuilles

Les feuilles, de couleur bleu vert et ayant un bord cannelé, mesurent de 8 à 11 cm au pied de la plante et deviennent de plus en plus petites vers le haut de la plante. Elles possèdent 3 à 7 lobes (BUGNON, 1998).

2. Les fleurs

La drogue est constituée par les 5 lobes du calice gamosépale, devenant triangulaire à la base, et par un calicule de 3 pièces plus courtes, libres et elliptiques; tous les sépales sont pubescents (moelleux).

La corolle, 3 à 4 fois plus longue que le calice, présente 5 pétales violet pâle ou bleu violet foncé parcourus par des veines foncées devenant bleu violet au cours de la dessiccation. Ces pétales cunéiformes, soudés à la base au tube staminal, sont émarginés au sommet et possèdent une pilosité basale blanche.

Les nombreuses étamines sont soudées par leur filet, et forment un tube staminal couvert de petits poils en étoiles.

Les carpelles, nombreuses et ridées, sont cachées par le tube staminal.

Le style porte 10 stigmates filiformes (ANTON et WICHTL, 2003).

III. UTILISATION EN MEDECINE TRADITIONNELLE

L'utilisation traditionnelle de la mauve comme plante médicinale est légendaire. Elle a été reconnue, depuis l'antiquité, par ces qualités laxatives, calmantes et adoucissantes.

De nombreux témoignages rendent hommage à ses vertus déconstipantes. En effet, *Malva* a été recommandée à ceux qui digèrent mal, rendent une urine brûlante et ont la bouche amère et salée (DEBUIGNE et COUPLAN, 2006).

Les feuilles écrasées et placées directement sur les plaies favorisent la cicatrisation. Elles sont traditionnellement utilisées comme traitement d'appoint adoucissant et antiprurigineux des affections dermatologiques, comme trophique protecteur dans le traitement des crevasses (petite fissure cutanée), écorchures (blessure superficielle de la peau), gerçures (fissures peu profondes de la peau) et contre les piqûres d'insectes, comme antalgique dans les affections de la cavité buccale et /ou du pharynx (ROMBI, 1998).

IV. UTILISATION EN MEDECINE ACTUELLE

1. Composition chimique

a. Mucilage

Les tiges, feuilles et fleurs sont riches en mucilage qui est une substance riche en polysaccharides et qui, par hydrolyse, fournit plusieurs sucres dont les plus importants sont (ANTON et WICHTL, 2003):

- Le galactose : monosaccharide de la famille des aldohexoses, c'est un sucre réducteur qui n'existe pas à l'état libre. Il résulte de l'hydrolyse du lactose.

- L'arabinose : ou sucre de pectine ou sucre de gomme existe sous
  deux formes éniantomère gauche et droite présentes à l'état naturel
  (la L-arabinose étant plus fréquente à l'état naturel).

- Le rhamnose : désoxy sucre qui se produit dans la nature sous la
  forme L-rhamnose.

Les mucilages s'accumulent dans les idioblastes (cellules cristallifères
de taille normale ou dilatées) et dans de grandes cellules à mucilages
(CLASSEN *et al.*, 1998 ; CAPEK *et al.*, 1999).

b. Les flavonoïdes

Le terme flavonoïde rassemble une très large gamme des composés
naturels appartenant à la famille des polyphénols. Leur fonction principale
semble être la coloration des plantes (au-delà de la chlorophylle, des
caroténoïdes et des bétalaïnes).

Les flavonoïdes

Les fleurs renferment plusieurs types de flavonoïdes tels que :

- Les tilirosides :

- Les hétérosides de flavonols :

- Les dihydroflavonols :

- Les acides phénoliques :

Flavonoides   Acides phénoliques

Les feuilles contiennent aussi des dérivés glucuronylés de flavonoïdes (ROMBI, 1998).

c. Les anthocyanosides

Les fleurs contiennent les anthocyanosides et surtout de la malvine (glycoside anthocyanique qui donne par hydrolyse de la malvadine et de la 6-malonylmalvine), de la delphinidine (anthocyane et un pigment végétal de couleur bleu rougeoyante du cépage cabarnet sauvignon) et du tanin (ANTON et WICHTL, 2003).

33

| **La malvine** | **la delphidine** |

Le principal pigment responsable de la coloration des fleurs est un anthocyanoside, le diglucoside-3,5 du malvidol, qui est accompagné, chez certaines variétés, de son ester malonique (ROMBI, 1998).

2. Pharmacologie

Les feuilles et les fleurs de mauve possèdent les mêmes vertus émollientes que la racine de guimauve (DEBUIGNE et COUPLAN, 2006).

a. Système respiratoire

Les feuilles et les fleurs de mauve sont mucilagineuses. Apaisant l'irritation des muqueuses, elles sont recommandées contre :

✓ La bronchite,

✓ La toux,

✓ La raucité,

✓ La laryngite et l'angine… (DEBUIGNE et COUPLAN, 2006).

b. Système digestif

La mauve est l'une des 7 espèces adoucissantes et béchiques (calmantes) entrant dans la composition des « quatre fleurs pectorales ».

Elle atténue l'inflammation de l'intestin et se montre laxative (DEBUIGNE et COUPLAN, 2006).

La médecine populaire emploie les fleurs de mauve dans :

✓ La gastro-entérite

✓ Constipation.

c. Usage externe

La mauve s'emploie plutôt en usage externe, ses qualités calmantes et adoucissantes font merveille contre toutes les irritations et les inflammations (DEBUIGNE et COUPLAN, 2006).On l'utilise contre les démangeaisons de la peau. On l'emploie aussi en gargarismes (bain de bouche), en lavements et en injections vaginale contre les aphtes, en lotions contre la couperose (maladie de peau caractérisée par une dilatation permanente de petits vaisseaux sanguins, créant des rougeurs localisées) et les irritations du visage (DEBUIGNE et COUPLAN, 2006).

LE STRESS OXYDANT

I. DÉFINITION DU STRESS OXYDANT

En condition physiologique, l'oxygène, élément indispensable à la vie, produit en permanence au niveau de la mitochondrie des espèces oxygénées actives (EOA) particulièrement toxiques pour l'intégrité cellulaire. Ces EOA, sont dotées de propriétés oxydantes qui les amènent à réagir, dans l'environnement où elles sont produites, avec toute une série de substrats biologiques (lipides, protéines, ADN, glucose…).

Au niveau moléculaire, les EOA peuvent aussi agir comme messagers secondaires et activer différents facteurs ou gènes impliqués dans le développement de diverses pathologies.

Les EOA sont également générées sous l'effet d'oxydants environnementaux tels que la pollution, l'absorption d'alcool ou des médicaments, l'exposition prolongée au soleil et le tabagisme. Ceci conduit à un affaiblissement de nos défenses antioxydantes (vitamines, oligo-éléments) mais également à l'apparition des dégâts cellulaires.

Le dysfonctionnement de systèmes de régulation de l'oxygène et de ses métabolites est à l'origine des phénomènes de stress oxydant.

D'une manière générale, le stress oxydant se définit comme étant le résultat d'un déséquilibre entre la balance des prooxydants et les systèmes de défense (antioxydants), avec comme conséquence , l'apparition de dégâts souvent irréversibles pour la cellule (Figure 2).

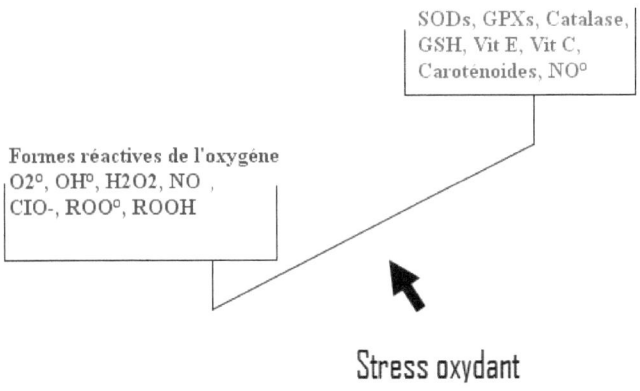

Formes réactives de l'oxygéne
02°, OH°, H2O2, NO ,
CIO-, ROO°, ROOH

Stress oxydant

Figure 2 : Schéma de la balance du stress oxydant

II. DÉFINITION DES RADICAUX LIBRES

Les radicaux libres (RL) sont des espèces chimiques (atomes ou molécules) qui possèdent un ou plusieurs électrons célibataires (électron non apparié) sur leur couche externe et capables d'existence indépendante (HALLIWELL et GUTTERIDGE, 1999).

Ils peuvent être dérivés de l'oxygène (EOA) ou d'autres atomes comme l'azote. La présence d'un électron célibataire confère aux radicaux libres une grande réactivité (demi-vie courte) et peuvent être aussi bien des espèces oxydantes que réductrices. Cette instabilité rend difficile leur mise en évidence au niveau des différents milieux biologiques ; leurs constantes de vitesse réactionnelles variables selon leurs natures, sont très élevées et peuvent aller de 10^5 à 10^{10} mol^{-1}.l.s^{-1} (BONNEFONT-ROUSSELOT *et a l.,* 2003).

III. ORIGINE DES RADICAUX LIBRES

La formation des EOA requiert la présence de métaux de transition comme le fer ou le cuivre qui agissent comme des catalyseurs incontournables dans toute la chimie des RL (Figure 3).

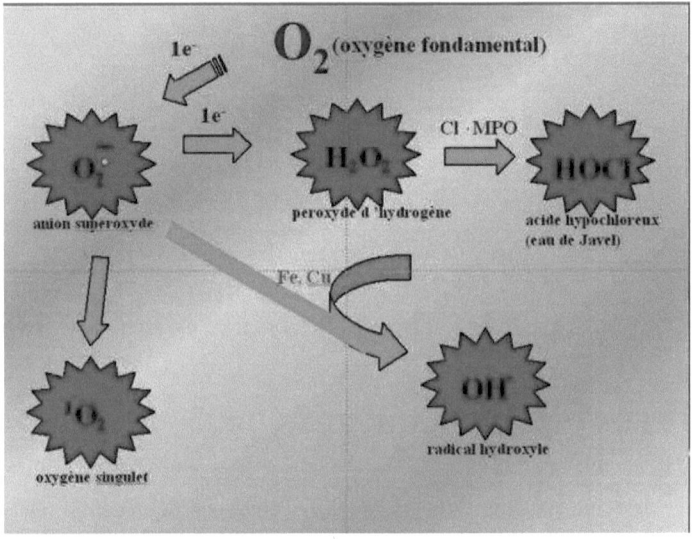

Figure 3 : Description des espèces oxygénées actives (PINCEMAIL, 1999)

Les RL sont produits par un grand nombre de mécanismes tant endogènes qu'exogènes.

La majeure partie de l'oxygène moléculaire que nous respirons subit une réduction tétravalente (addition de 4 électrons) (réaction (1)) conduisant à la production d'eau. Cette réaction est catalysée par la cytochrome oxydase, accepteur terminal d'électrons présent dans le complexe de la chaîne de transport des électrons située dans la membrane interne mitochondriale.

$$O_2 + 4\,e^- + 4\,H^+ \rightarrow 2\,H_2O \qquad \text{(réaction (1))}$$

Toutefois, cette chaîne de transport peut laisser « fuir » une certaine proportion d'électrons qui vont réduire l'oxygène, mais en partie seulement. C'est ainsi qu'environ 2 % de l'oxygène subit une réduction mono électronique (addition d'un seul électron) (réaction (2)) conduisant à la formation du radical superoxyde $O_2^{\circ-}$, au niveau de l'ubiquinone (ou coenzyme Q) (CADENAS et DAVIES, 2000).

$$O_2 + 1\,e^- \rightarrow O_2^{\circ-} \qquad \text{(réaction (2))}$$

De même, la NADH-deshydrogénase située dans la membrane mitochondriale interne, tout comme la NADPH oxydase présente au niveau des cellules vasculaires endothéliales, peuvent conduire à la formation de radicaux $O_2^{\circ-}$ (GRIENDLING et al., 2000). Par ailleurs, l'apparition de radicaux superoxydes peut résulter de l'auto-oxydation (oxydation par l'oxygène) de composés tels que des neuromédiateurs (adrénaline, noradrénaline, dopamine…), des thiols (cystéine), des coenzymes réduits ($FMNH_2$, $FADH_2$), mais aussi de la détoxification des xénobiotiques (toxiques, médicaments) par le système des cytochromes P450 présent au niveau du réticulum endoplasmique (HALLIWELL B et GUTTERIDGE, 1999).

Le radical superoxyde qui présente une certaine toxicité est éliminé ou tout au moins maintenu à un niveau de concentration assez bas par des enzymes appelées superoxyde dismutases (SOD) qui catalysent sa disparition par dismutation (réaction (3)).

$$O_2^{\circ-} + O_2^{\circ-} \xrightarrow{\text{SOD, 2H+}} H_2O_2 + O_2 \qquad \text{(réaction (3))}$$

L'eau oxygénée (ou peroxyde d'hydrogène, H_2O_2) ainsi formée n'est pas elle-même un radical libre mais une molécule (ayant tous ses électrons périphériques appariés). Sa production peut également résulter de la réduction bioélectronique de l'oxygène (réaction (4)) en présence d'oxydases (aminoacides oxydases, glycolate oxydase, urate oxydase...) qui se trouvent principalement dans des organites cellulaires bien individualisés comme les peroxysomes. Par ailleurs, la membrane mitochondriale externe renferme une monoamine oxydase capable de catalyser la désamination oxydative de certaines amines, avec production simultanée de H_2O_2.

$$O_2 + 2\ e^- + 2\ H^+ \rightarrow H_2O_2 \qquad \text{(réaction (4))}$$

La majeure partie de la toxicité de l'eau oxygénée provient de sa capacité à générer le radical hydroxyle $°OH$ en présence de cations métalliques tels que Fe^{2+} ou Cu^{2+} par une réaction dite réaction de Fenton (réaction (5)).

$$H_2O_2 + Fe^{2+} \rightarrow °OH + Fe^{3+} + {}^-OH \quad \text{(réaction de Fenton (5))}$$

Les métaux toxiques (chrome, vanadium, cuivre) génèrent en présence de peroxyde d'hydrogène (H_2O_2) des radicaux hydroxyles très réactifs. Les particules inhalées telles que l'amiante et/ou la silice sont aussi des sources de radicaux par phagocytose exacerbée qu'elles déclenchent.

Le fer et le cuivre sous forme libre étant particulièrement promoteurs de dommages radicalaires, ces métaux sont physiologiquement séquestrés et transportés grâce à des protéines comme la ferritine, la transferrine, la céruloplasmine..., qui agissent donc comme étant qu'antioxydants primaires.

Les rayonnements sont capables de générer des radicaux libres, soit en scindant la molécule d'eau lorsqu'il s'agit des rayons ionisants X ou Y, soit en activant des molécules photosensibilisantes lorsqu'il s'agit des rayons ultraviolets qui vont par ce mécanisme produire des anions superoxydes et de l'oxygène singulet.

IV. EFFETS DES RADICAUX LIBRES

Les EOA réagissent avec toute une série de substrats biologiques comme les protéines, les lipides, ou l'ADN. La mise en évidence des dérivés d'oxydation de ces différents substrats sera donc des marqueurs de la présence d'un stress oxydant.

1. Peroxydation lipidique

La péroxydation lipidique désigne l'attaque des lipides (principalement les acides gras poly-insaturés) par des RL, capables d'arracher un hydrogène sur les carbones situés entre deux doubles liaisons pour former un radical diène conjugué, oxydé en radical peroxyle.

L'oxydation des lipides se déroule en trois étapes (BOLLAND et GEE, 1946) (Figure4)

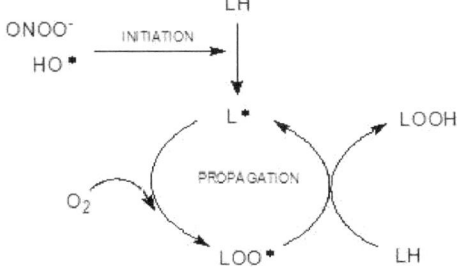

Figure 4 : Mécanisme de péroxydation des lipides par les radicaux libres

- **Initiation :** en présence d'un initiateur (I), les lipides insaturés perdent un atome d'hydrogène pour former un radical libre de lipide (R°).

$$\text{RH} \quad \rightarrow \quad \text{H}° + \text{R}° \quad (1)$$

Ce mode d'initiation, favorisé par une élévation de température, peut être produit par des radiations ionisantes, des générateurs chimiques, des systèmes enzymatiques ou chimiques produisant des EOA, ou des traces métalliques.

- **Propagation :** les RL formés fixent l'oxygène moléculaire et forment des radicaux libres peroxyles instables (2) qui peuvent réagir avec une nouvelle molécule d'acide gras pour former des hydroperoxydes (3).

$$\text{R}° + \text{O}_2 \quad \rightarrow \quad \text{ROO}° \quad \text{(réaction rapide) (2)}$$

$$\text{ROO}° + \text{RH} \rightarrow \text{ROOH} + \text{R}° \quad \text{(réaction lente) (3)}$$

- **Terminaison :** les radicaux formés réagissent entre eux pour conduire à un produit qui n'est pas un radical libre.

$$\text{ROO}° + \text{ROO}° \rightarrow [\text{ROOOOR}] \rightarrow \text{ROOR} + \text{O}_2 \quad (4)$$

$$\text{R}° + \text{R}° \quad \rightarrow \quad \text{RR} \quad (5)$$

$$\text{ROO}° + \text{R}° \rightarrow \text{ROOR} \quad (6)$$

2. Oxydation des protéines

En présence d'EOA, les protéines peuvent se dénaturer, se fragmenter ou perdre leurs structures primaire et secondaire. Les dommages oxydatifs au niveau des protéines (et des acides aminés) peuvent se manifester de diverses manières (DAVIES, 1999) :

✓ Apparition de groupements hydroperoxydes ;

✓ Oxydation du squelette carboné de la chaîne polypeptidique conduisant à une fragmentation des protéines et à l'apparition de groupements carbonyles ;

✓ Oxydation des chaînes latérales des acides aminés avec formation de ponts disulfure, de méthionine sulfoxyde et de groupements carbonyles ;

✓ Formation des dérivés chlorés et nitrés lors du contact de la tyrosine avec respectivement, le système MPO/H2O2 et le radical de l'oxyde nitrique.

3. Oxydation de l'ADN

Les EOA ont une grande affinité de réaction avec certaines bases constitutives de l'ADN. La guanine est ainsi facilement transformée en 8-hydroxy-2'désoxyguanosine (8-OH-dG) qui est normalement éliminée par des enzymes de réparation de l'ADN. Si ces systèmes sont défaillants, la 8-OH-dG s'accumulera au sein de l'ADN causant ainsi des mutations impliquées dans le développement du cancer (BOREK, 1997). La concentration de la 8-OH-dG doit être standardisée par rapport à la créatinine lorsqu'elle est mesurée dans les urines.

V. LES ANTIOXYDANTS

Lorsque les systèmes de défense sont débordés par l'augmentation de production des radicaux libres, il faut fournir à l'organisme des molécules antioxydantes.

La nature, dont on ne contestera jamais le pragmatisme éclairé, a mis à notre disposition deux types d'antioxydants.

1. Les antioxydants enzymatiques

Ces systèmes sont composés d'enzymes telles que la superoxyde dismutase (SOD), la catalase et la peroxydase, capables d'éliminer les radicaux libres et d'autres espèces réactives.

a. Les superoxydes dismutases

Les superoxydes dismutases sont capables d'éliminer l'anion superoxyde en produisant une molécule d'oxygène et une molécule de peroxyde d'hydrogène. Leur structure est bien conservée lors de l'évolution et présente un puis hydrophobe au centre de la protéine dans lequel se glisse l'anion superoxyde (ZELKO *et al.*, 2002). La nature du métal situé au centre de l'enzyme permet de distinguer les superoxydes dismutases à manganèse (MnSOD) protégeant la mitochondrie, de celles à cuivre-zinc protégeant le cytosol (cCu-ZnSOD), la face externe de la membrane des cellules épithéliales (ecCu-ZnSOD) ou le plasma sanguin (pCu-ZnSOD) (ZELKO *et al.*, 2002).

Les superoxydes dismutases à cuivre-zinc catalysent les réactions suivantes :

$$SOD\text{-}Cu^{2+} + O_2^{\circ-} \rightarrow SOD\text{-}Cu^+ + O_2$$
$$SOD\text{-}Cu^+ + O_2^{\circ-} + 2H^+ \rightarrow SOD\text{-}Cu^{2+} + H_2O_2$$
$$\underline{BILAN:} O_2^{\circ-} + O_2^{\circ-} + 2H^+ \rightarrow O_2 + H_2O_2$$

b. La catalase

La catalase est une enzyme capable de transformer le peroxyde d'hydrogène en eau et en oxygène moléculaire. La réaction catalysée par cette enzyme consiste en une dismutation du peroxyde d'hydrogène (BONNEFONT-ROUSSELOT *et al.*, 2003).

$$\text{Catalase-Fe}^{3+} + H_2O_2 \rightarrow \text{composé I} + H_2O$$
$$\underline{\text{composé I} + H_2O_2 \rightarrow \text{Catalase-Fe}^{3+} + H_2O + O_2}$$
$$\underline{\text{BILAN}} : 2\,H_2O_2 \rightarrow 2\,H_2O + O_2$$

c. La glutathion peroxydase

Les glutathions peroxydases constituent sans doute l'un des plus importants systèmes enzymatiques de protection car elles sont capables de détoxifier le peroxyde d'hydrogène, mais aussi d'autres hydroperoxydes résultant de l'oxydation du cholestérol ou des acides gras en couplant la réduction de l'hydroperoxyde avec l'oxydation d'un substrat réducteur comme le glutathion, le cytochrome C (cytochrome C peroxydases), le NADH (NADH peroxydases) (THÉROND et DENIS, 2005).

Les glutathions peroxydases fonctionnent toutes selon le mécanisme catalytique suivant :

$$\text{ROOH} + \text{GPx-Se}^- + H^+ \rightarrow \text{ROH} + \text{GPx- SeOH}$$
$$\text{GPx- SeOH} + \text{GSH} \rightarrow \text{GPx-Se-SG} + H_2O$$
$$\underline{\text{GPx-Se-SG} + \text{GSH} \rightarrow \text{GPx-Se}^- + \text{GSSG} + H^+}$$
$$\underline{\text{BILAN}} : \text{ROOH} + 2\text{GSH} \rightarrow \text{GSSG} + \text{ROH} + H_2O$$

2. Les antioxydants non enzymatiques

a. Les caroténoïdes

Par dégradation, certains caroténoïdes comme le β-carotène servent de précurseurs à la vitamine A dont le rôle est primordial dans la perception visuelle. La plupart des caroténoïdes et vitamine A interagissent avec l'oxygène singulet et peuvent ainsi empêcher l'oxydation de plusieurs substrats biologiques dont les acides gras polyinsaturés.

Parmi d'autres caroténoïdes intéressants pour leurs propriétés antioxydantes, citons également le lycopène présent dans la tomate

(RISSANEN *et al.*, 2003), la lutéine, le ß-cryptoxanthine, la zéaxanthine,…

b. La vitamine C

La vitamine C ou acide ascorbique n'est pas synthétisée par l'organisme. Sa concentration plasmatique dépend fortement de l'alimentation et des modifications du flux hépatique. C'est un excellent piégeur des EOA qui peut protéger divers substrats biologiques (protéines, acides gras, ADN) de l'oxydation. Aux concentrations physiologiques, la vitamine C est capable d'empêcher l'oxydation des LDL produite par divers systèmes générateurs d'EOA (neutrophiles activés, cellules endothéliales activées, myéloperoxydase). Lors de son oxydation en acide déhydroascorbique, elle passe par une forme radicalaire intermédiaire (radical ascorbyl) qui joue un rôle essentiel dans la régénération de la vitamine E oxydée. (GEY *et al.*, 1987)

c. La vitamine E

Sous le terme vitamine E est regroupée la famille des tocophérols (alpha, bêta, gamma, delta). Le caractère hydrophobe de la vitamine E lui permet de s'insérer au sein des acides gras de la membrane cellulaire et des lipoprotéines où elle joue un rôle protecteur en empêchant la propagation de la peroxydation lipidique induite par un stress oxydant. De tous les tocophérols, ce sont l'alpha et le gamma (EL-SOHEMY *et al.*, 2002) qui possèdent les propriétés antioxydantes les plus intéressantes.

d. Le glutathion

Il s'agit d'un tripeptide qui joue un rôle à divers niveaux dans la lutte contre le stress oxydant. Le glutathion (GSH) peut interagir directement avec les espèces oxygénées activées mais, il est principalement utilisé

46

comme substrat de la glutathion peroxydase qui assure l'élimination des lipides peroxydés. Il joue également un rôle clé dans l'expression de gènes codant pour des protéines pro-et anti-inflammatoires (JONES *et al.*, 2002).

e. Les proteins à thiols

La plupart des protéines possèdent des groupements thiols (-SH) qui réagissent très facilement avec les espèces oxygénées activées. Vu sa grande quantité, l'albumine qui possède des groupements thiols, peut être considérée comme étant un des antioxydants majeurs du plasma (PINCEMAIL *et al.*, 2000).

f. L'acide urique

L'acide urique constitue le produit terminal majeur du métabolisme des purines chez les primates. Possédant des propriétés antioxydantes, il peut interagir avec les espèces oxygénées activées, et tout particulièrement avec le radical hydroxyle. Il apparaît comme étant l'antioxydant plasmatique le plus efficace en terme de réactivité avec les EOA. Toutefois, ses produits d'oxydation comme l'allantoïne, peuvent facilement s'oxyder en générant à leur tour des espèces toxiques de l'oxygène (PINCEMAIL *et al.*, 2000).

g. Le coenzyme Q10

L'ubiquinone ou CoQ10 est bien connu par son rôle vital dans la production d'énergie au niveau de la mitochondrie. Le CoQ10, principalement sous sa forme réduite ubiquinol-10 ou CoQ10H2, possède aussi des propriétés antioxydantes intéressantes puisque, tout comme la vitamine E, est capable d'inhiber la péroxydation lipidique (ALLEVA *et al.*, 1997 ; ERNSTER et DALINER ,1995).

Matériel& Méthodes

PARTIE I : TESTS IN VITRO

I. ETUDE DE L'ACTIVITE ANTIRADICALAIRE

1. Principe

L'activité antiradicalaire de la mauve a été évaluée à l'aide d'une méthode colorimétrique en utilisant le radical 2,2- Diphényl-1- picrylhydrazyl (DPPH). En effet, à température ambiante et en solution, le radical DPPH présente une coloration violette intense. Son passage à la forme non radicalaire, après saturation de ses couches électroniques s'accompagne par la disparition de la coloration violette.

$$DPPH + AH \longrightarrow DPPH\text{-}A$$

(Violette)   (Incolore)

La diminution de l'intensité de la coloration rend, ainsi, compte du pouvoir piégeur de l'extrait du mauve sauvage vis-à-vis du DPPH (IREN *et al.*, 2000 ; LEE *et al.*, 2003).

$N-N (C_6H_5)2$

NO_2 NO_2

NO_2

Structure chimique du radical DPPH

2. Protocole expérimental

La décoction de la mauve à analyser, supplémentée de la solution éthanolique de DPPH ($0,6 \times 10^{-4}$ M) a été incubée pendant 30 minutes à l'abri de

49

la lumière, puis l'absorbance du mélange a été mesurée à 517 nm contre un blanc formé d'éthanol pur.

L'activité de la décoction a été évaluée par rapport à la solution 100 % qui renferme l'éthanol absolu et la solution de DPPH (HOU *et al.*, 2002 ; KOLEVA *et al.*, 2003).

3. Calcul

Le pourcentage d'inhibition du radical DPPH est déterminé selon la formule suivante

$$PI = \left[\frac{DO\ 100\% - DO\ essai}{DO\ 100\%} \right] \times 100$$

Avec:

- PI: Pourcentage d'inhibition
- DO essai: DO en présence du jus de la décoction
- DO 100% : DO en absence du jus de la décoction

II. ETUDE DE L'ACTIVITE ANTIOXYDANTE

1. Principe

Ce test consiste à détecter l'oxydation par l'anion superoxyde O_2^-. La riboflavine agit comme transporteur d'électrons. Elle participe (comme cofacteur) aux réactions d'oxydoréduction en présence de l'oxygène moléculaire. Les flavines réduites sont des groupements donneurs d'électrons à l'oxygène moléculaire qui se transforme en radical superoxyde O_2^- (STEFAN et FRIDOVICHI, 1995).

La molécule de nitroblue tetrazolium (NBT) réagit avec l'anion superoxyde pour donner le NBT oxydé (tétrazoinyl) qui se transforme en formazan insoluble dans l'eau et de couleur pourpre (YAGI *et al.*, 2002).

2. Protocole expérimental

100 µl de la solution à analyser ont été mis en présence de tampon phosphate de potassium (516,12 mM), d'EDTA (6,45 mM), de NBT (0,096 mM) et de riboflavine (3,87. 10^{-3} mM), puis exposés pendant 10 minutes à une lumière intense.

Leur absorbance a été mesurée contre un blanc (zéro au spectrophotomètre) qui renferme tous les composants de l'essai à l'exception du NBT.

L'activité de l'infusion de la mauve a été déterminée par comparaison de l'absorbance de l'essai en présence de la décoction avec l'absorbance de la solution 100% (totale) qui est constituée de tous les composants à l'exception de la décoction elle-même qui est ajoutée à la fin juste avant la lecture de l'absorbance (LEE *et al.*, 2003).

3. Calcul

L'activité antioxydante a été déterminée par la diminution de la coloration détectée par spectrophotométrie à une longueur d'onde $\lambda = 560$ nm.

Le pourcentage d'inhibition de la formation du radical O_2^- a été déterminé selon la formule suivante :

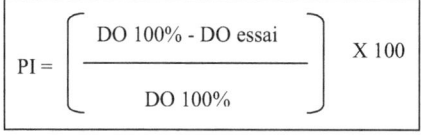

$$PI = \left[\frac{DO\ 100\% - DO\ essai}{DO\ 100\%} \right] \times 100$$

Avec:

- PI: Pourcentage d'inhibition
- DO essai: DO en présence du jus de la décoction

51

- DO 100% : DO en absence du jus de la décoction

PARTIE II : TESTS IN VIVO
I. ANIMAUX ET TRAITEMENTS

Nous avons utilisé des rats mâles de souche « Wistar » en période de croissance ayant un poids corporel autour de 100 g. Les animaux ont été groupés dans des cages et placés dans une animalerie où la température est voisine de 23°C avec alternance de 10 h d'obscurité et 14 h de lumière. Ils ont été nourris avec un concentré énergétiquement équilibré provenant de la société SICCO, Sfax dont la composition est détaillée dans le tableau 1.

Ces rats mâles ont été séparés en 4 groupes : des témoins (rats T) recevant comme eau de boisson l'eau de robinet, des traités recevant dans leur eau de boisson soit du métavanadate d'ammonium à une concentration de 0,3g/l (rats V) soit une infusion à chaud de 20 minutes de mauve sauvage à une concentration de 1 g de plante entière aérienne sèche /litre d'eau de robinet (rats M), soit les deux mélangés (rats M+V).

Ce traitement a été maintenu durant 15, 30, 60 et 90 jours.

Les animaux ont été pesés quotidiennement durant toute la période de traitement afin de tracer la courbe de croissance.

II. SACRIFICE ET PRELEVEMENT DES ORGANES
1. Sacrifice

Le sacrifice des animaux témoins et traités s'est déroulé dans une pièce annexe à l'animalerie dans les mêmes conditions du traitement pour éviter tout agent stressant et toujours le matin pour éviter les variations dues au rythme circadien et ceci par décapitation.

2. Prélèvement du sang

Ces prélèvements ont été faits après décapitation rapide afin d'éviter l'effet stressant de l'éther utilisé en tant qu'anesthésiant qui induit une décharge d'hormones hyperglycémiantes tels que les catécholamines et les glucocorticoïdes.

Selon le type de dosage, les prélèvements ont été réalisés sans anticoagulant avec centrifugation pour doser la créatinine et la testostérone.

3. Prélèvement des organes

Après prélèvement du sang, les animaux ont été pesés puis ouverts ventralement afin de prélever et peser certains organes tels que : le foie, les reins et les testicules.

Tableau n°1 : Composition de l'alimentation pour un Kilogramme de granulés (Société Industrielle de Concentrés « SICO » Sfax-Tunisie).

- Composition :
  - Blé :
    - ✓ Son fin
    - ✓ Luzerne
    - ✓ Soja
    - ✓ CMV
- Composition CMV :
  - phosphate bicalcique
  - Carbonate de chaux
  - Scl méthionine pure
  - TUL 12
  - Oligo-éléments
- Composition TUL 12 (vitamine) :

- A……………………. (UI) …………….....30600.000
- D3………………… (UI) ……………………612.000
-K3MPB……………... (mg) ……………………...56.000
-B1…………………… (mg) ………………….....17.000
- C…………………. (mg) ………………………….3.400
- B2………………….... (mg) ………………………...85.000
- B3…………………… (mg) ……………………...10.200
-B6…………………. (mg) …………………………17.000
- B12………………….. (mg) …………………………...17
-PP…………………… (mg) …………………………34.000
-Choline……………… (mg) …………………………...2.380

- Oligo-éléments:

- Cuivre ………………….... (mg) …………………………….18.97
-Fer …………………….... (mg) ………………………….73.44
- Zinc…………………... (mg) …………………………......127.54
- Manganese…………………. (mg) ………………….......164.42
- Iode…………………. (mg) ………………………….0.835
- Cobalt……….......…………..... (mg) ……………….….........0.11
- Sélénium………………… (mg) …………………...........0.17

✓ Les testicules et les reins droits ont été fixés dans du liquide de Bouin alcoolique (annexe, sol 1) pour la confection des coupes histologiques.

✓ Certains organes (foie, reins et testicules) ont été stockés à –30°C pour le dosage de la péroxydation lipidique (TBARS) et des enzymes antioxydantes.

III. DOSAGES BIOCHIMIQUES

1. Préparation des échantillons cytosoliques

Un fragment d'organe (1 g) (de foie, des reins ou des testicules) a été broyé dans 2 ml de TBS pH 7,4 (annexe sol 2) à l'aide d'un homogénéisateur Ultra-turax.

Après homogénéisation, on a procédé à une centrifugation de l'homogénat tissulaire à 9000 tours/min à 4°C et pendant 15 mn afin de récupérer le surnageant : c'est l'extrait cytosolique (S9) qui sert pour les différents dosages. Il est réparti en aliquots et stocké à-20°C.

2. Dosage des protides totaux cytosoliques (LOWRY *et al.*, 1951)

a. Principe

Le réactif de Folin (acide phosphotungstique et phosphomolybtique) donne une coloration bleue avec la tyrosine, le tryptophane, la cystéine et d'autres acides aminés.

En combinant le réactif de Folin avec le réactif de Biuret, LOWRY *et al.* (1951) ont réalisé un dosage de protéines, très sensible (10 à 20 µg).

Cependant, ce dosage fait intervenir non seulement les liaisons peptidiques (Biuret) mais aussi certains acides aminés spécifiques (réaction de Folin).

Les concentrations en protéines cytosoliques sont déterminées en se référant à une courbe d'étalonnage réalisée à partir de solutions de référence de titres connues en BSA (Bovine sérum albumine).

b. Protocole expérimental

Dans des tubes en plastiques on a introduit dans l'ordre :
- 0,2 ml d'extrait (S9) dilué de foie, de rein ou de testicule;
- 2 ml du mélange réactionnel composé de :

Na_2CO_3 2% dans NaOH 0,1N (4g/l), tartrate double de Na et K 10% et $CuSO_4$ 5% dans les proportions (50V/1V/1V) ;

- 0,2 ml de réactif de Folin (Sigma) préalablement dilué au ½ avec l'eau distillée et maintenu à l'obscurité à une température de 4°C.

Après agitation, les tubes ont été mis à l'obscurité à la température ambiante durant 30 minutes. Le réactif de Folin produit ainsi un complexe soluble, de couleur bleue. La densité optique a été déterminée à une longueur d'onde de 490 nm contre un blanc contenant le tampon d'homogénéisation préparé dans les mêmes conditions que les échantillons et les étalons.

c. Calcul

Le taux de protéines est calculé en µg/ml d'extrait en se référant à la courbe d'étalonnage en utilisant la BSA comme référence et tenant compte des dilutions utilisées.

Cette courbe est de la forme « y = a x»

Avec : y = DO

x = concentration en protéines en µg/ml = (y – b) / a

La concentration de protéines est convertie en mg/ml pour le calcul des activités enzymatiques.

3. Mesure du niveau de la péroxydation lipidique (TBARS) (ESTERBRUER, 1993)

La péroxydation lipidique a été évaluée par la mesure des substances réagissant avec l'acide thiobarbiturique (TBARS) comprenant des aldéhydes (dont le MDA) et les lipides hydroperoxydés.

Le malonedialdéhyde ou MDA est le marqueur le plus utilisé en péroxydation lipidique (BUEGE et AUST, 1978).

a. Principe

Après traitement acide à chaud, les aldéhydes réagissent avec le TBA (Acide thiobarbiturique) pour former un produit de condensation chromogénique consistant en deux molécules de TBA et une molécule de MDA.

b. Protocole expérimental

Les échantillons sont traités selon le tableau 2.

Tableau 2 : méthode de dosage de la péroxydation lipidique

	Tube essaie	Tube blanc
Echantillon (Sg : cytosol déjà préparé)	125 µl	–
Tampon TBS (pH= 7,4)	50 µl	125 µl + 5O µl
TCA-BHT (annexe, sol3)	125 µl	125 µl
Vortexer les tubes puis centrifuger à 1000 tours/min pendant 10 min		
Surnageant	200 µl	200 µl
HCl (0,6 M)	40 µl	40 µl
TRIS-TBA (annexe, sol 3)	160 µl	160 µl
Incuber 10 min à 80°C et lire la densité optique à une longueur d'onde de 530 nm		

c. Calcul

La concentration du MDA est calculée selon la loi de BEER-LAMBERT (DO = E.C.L) :

$$C = \frac{DO \cdot 10^6}{E \cdot L \cdot X \cdot fd}$$

C : concentration en nmoles/mg de protéines ;

DO : densité optique lue à 530 nm ;

59

E : coefficient d'extinction molaire du MDA = $1,56 \cdot 10^5 \, M^{-1} \, cm^{-1}$

L : longueur du trajet optique = 0.779 cm ;

X : concentration de l'extrait en protéines (mg/ml) ;

10^6 : pour transformer mmol en nmol.

fd : Facteur de dilution = (VS9 x VS)/ (VFi x VF) = 0,2083

* VS9 ou le volume de la prise de l'échantillon (125µl)

* VS ou le volume prélevé du surnageant (200µl)

* VFi ou le volume final intermédiaire à la centrifugation (300µl)

* VF ou le volume final à l'incubation (400µl).

4. Dosage de la créatinine sérique

Nous avons utilisé des coffrets Biomagreb (référence : 20151) spécifiques pour doser la créatinine sérique chez le rats (pour la composition du réactif, annexe sol 4).

a. Principe

La créatinine forme en milieu alcalin un complexe coloré avec l'acide picrique. La vitesse de formation de ce complexe est proportionnelle à la concentration de créatinine.

b. Protocole expérimental

Ce dosage s'effectue à une longueur d'onde de 492 nm, à une température comprise entre 25 et 30°C et dans une cuve de 1 cm d'épaisseur.

Les sérums obtenus ont été traités selon le tableau 3.

Tableau 3 : méthode de dosage de la créatinine sérique

	Standard	Echantillon
Standard	100μl	–
Echantillon	–	100μl
Réactif de travail	1ml	1ml

Après agitation, une première densité optique DO_1 a été mesurée après 30 secondes suivie d'une deuxième DO_2 1 minute après.

c. Calcul

La concentration de la créatinine sérique est calculée en μmol/l selon la formule suivante :

$$\text{Concentration créatinine} = \frac{\Delta \, DO \, \text{Echantillon}}{\Delta \, DO \, \text{Standard}} \times n$$

avec :

- n=176,8 pour convertir la concentration en créatinine en μmol/l
- $\Delta \, DO = DO2\text{-}DO1$ pour le standard et les échantillons

5. Dosage de la testostérone sérique

Nous avons utilisé un dosage radio immunologique commercialisé par Immunotech (Réf, 1119) (annexe, sol 5).

a. Pincipe

Le dosage radio-immunologique de la testostérone est un dosage par compétition selon l'équilibre suivant :

$$(H^*) + (A) \underset{(2)}{\overset{(1)}{\rightleftarrows}} (H^* - A) \text{ ou } (B^*)$$

Hormone libre   Anticorps   Hormone liée
ou marquée   ou marquée

61

La présence d'hormone froide libre déplace cet équilibre dans le sens (2) donc (H*) augmente et (B*) diminue. Les échantillons à doser ou les standards ainsi que la testostérone marquée à l'iode 125 (traceur) ont été simultanément ajoutés dans des tubes recouverts d'anticorps. Après homogénéisation et incubation, le contenu du tube est vidé par aspiration puis la radioactivité de la fraction liée est mesurée. Elle est inversement proportionnelle au taux de la testostérone froide ajoutée (standards ou échantillons à doser). Une courbe d'étalonnage a été établie et les valeurs des échantillons ont été déterminées par extrapolation à l'aide de cette courbe (Figure 5).

b. Protocole expérimental

➤ Laisser les réactifs retrouver la température ambiante ;

➤ Préparer une série de tubes en double ;

➤ Distribuer 50 µl de standard, contrôle ou échantillon puis 500 µl de traceur dans les tubes appropriés ;

➤ Agiter doucement les tubes à l'aide d'un vortex **;**

➤ Préparer deux tubes supplémentaires auxquels on ajoute 500 µl de traceur pour obtenir les cpm totaux (T) ;

➤ Couvrir les tubes ;

➤ Incuber tous les tubes durant 3h à 37°C puis aspirer les homogénats, sauf ceux préparer pour les cpm totaux ;

➤ Compter les tubes pour obtenir les cpm liés (B) et les cpm totaux ;

La concentration en testostérone est donnée directement de la courbe en mg/ml par interpolation (figure 5) ;

c. Caractéristiques de la technique

La sensibilité de la technique est de 0,025 ng de testostérone/ml. Le dosage présente une réaction croisée de 10 % avec la 5α-dihydrotestostérone, et d'autres réactions très faibles variant de 0,00014 à 1 % avec les autres stéroïdes sexuels.

Le coefficient de variation intra essai varie de 7,2 à 14,8 % ;

Le coefficient de variation inter essai varie de 6,9 à 11,9 %.

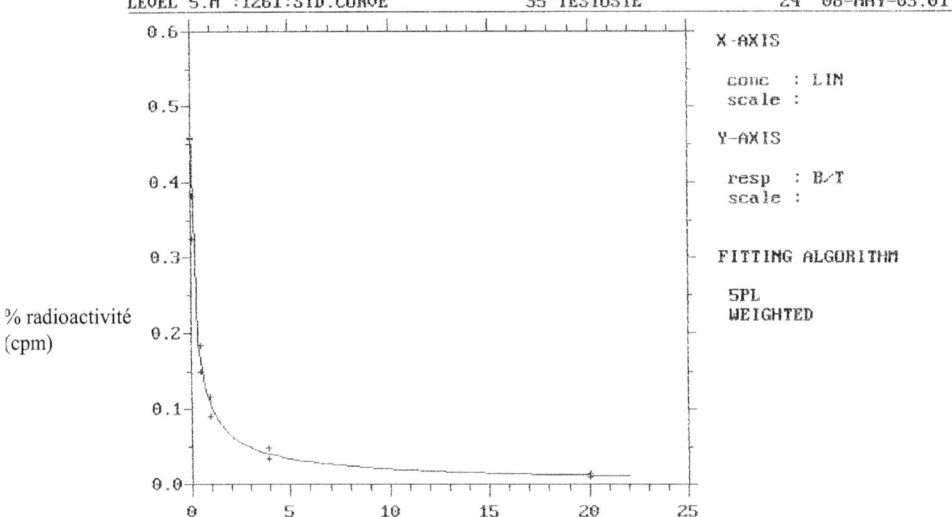

% radioactivité
(cpm)

[Testostérone] mg/ml

Figure 5 : Une courbe standart du dosage « RIA » de la testostérone portant en abscisse les concentrations des étalons de testostérones (ng/ml) et en ordonnées le pourcentage de la radioactivité (cpm)

6. Mesure de l'activité catalasique cytosolique

a. Principe (AEBI ,1974)

Les catalases sont des enzymes tetramériques, intervenant dans la défense de la cellule contre le stress oxydant en éliminant les espèces oxygénées réactives et en accélérant la réaction spontanée d'hydrolyse du peroxyde d'hydrogène (H_2O_2) toxique pour la cellule en eau et en oxygène.

La réaction bilan est : $2H_2O_2 \xrightarrow{\text{Catalase}} 2H_2O + O_2$

b. Protocole expérimental

Les extraits protéiques des échantillons d'érythrocytes ont été traités selon le tableau 4.

Tableau 4 : méthode de dosage de l'activité catalasique cytosolique

	Essai (µl)	Blanc (total) (µl)
Tampon PO$_4$ (100 mM pH=7,5)	780	800
H_2O_2 (500 mM)	200	200
S9 (1 à 1,5 mg prot/ml)	20	0

La DO a été mesurée à une longueur d'onde de 290 nm.

c. Calcul

L'activité catalasique est exprimée en µmol H_2O_2 hydrolysées/min/mg protéine

$$\text{Activité catalasique} = \frac{\Delta \text{ DO/min}}{E \cdot L \cdot 0,02 \cdot X}$$

Avec :

- E : coefficient d'extinction : 0,043 mmol^{-1}cm^{-1}l^{-1} = 0,043 µmol^{-1} .cm^{-1} .ml^{-1}

- L : largeur de la cuve : 1 cm (longueur du parcours lumineux)

- X : quantité des protéines en mg/ml

- Fd : 0,02 = facteur de dilution de l'échantillon (20 µl/1000 µl).

$$\text{Variation DO/mn} = \text{Af} - \text{A1}$$

Avec :   A1 = absorbance à 15 secondes

              Af = absorbance à 75 secondes

7. Mesure de l'activité de la superoxyde dismutase (SOD)

a. Principe (ASADA *et al.*, 1974)

La méthode de dosage de l'activité SOD est basée sur le test NBT. Il s'agit d'une méthode de photoréduction du complexe riboflavine/méthionine qui génère des radicaux superoxydes et de l'oxydation du NBT par l'anion superoxyde O_2^- est utilisée comme base de détection de la présence de SOD.

Dans un milieu aérobie, le mélange riboflavine, méthionine et NBT donne une coloration bleuâtre. La présence de SOD inhibe l'oxydation du NBT (réactifs et solutions, annexe sol 6).

b. Protocole expérimental

Le dosage de l'activité SOD est résumé selon le tableau 5.

Tableau 5 : méthode de dosage de l'activité de la SOD

	Blanc (0) obscurité	Blanc (B) (total) lumière	Echantillon(E) lumière
EDTA-Met	1000 µl	1000 µl	1000 µl
Tampon phosphate	892,2 µl	892,2 µl	892,2 µl
Echantillon (S9)	————	————	X µl (50 µl)
Tampon phosphate	1000 µl	1000 µl	(1000-X) µl
NBT	85,2 µl	85,2 µl	85,2 µl
Riboflavine	22,6 µl	22,6 µl	22,6 µl

Les échantillons et le tube blanc (total) ont été mis à la lumière (sous une lampe de bureau) pendant 20 minutes et la DO a été déterminée à une longueur d'onde 580 nm.

Un tube préparé de la même manière que le blanc a été mis à l'obscurité pendant 20 minutes et servira pour l'étalonnage du spectrophotomètre (zéro au spectrophotomètre).

c. Calcul

L'activité SOD est exprimée en % d'inhibition du radical superoxyde O_2^- / mg de protéines selon la formule suivante :

$$Y = \left[\left(\frac{DO_B - DO_E}{DO_B} \times 100 \right) \times \frac{20}{X} \right]$$

Avec: - DOB: densité optique du blanc à la lumière

- DOE : densité optique de l'échantillon à la lumière
- X : concentration en protéines mg/ml
- 20 : pour transformer l'inhibition de 50 à 1000 µl

Une unité SOD correspond à la quantité de protéines qui induit 50 % d'inhibition (ASADA *et al*., 1974), donc :

$$\text{Unité SOD / mg de protéine} = \frac{\text{Pourcentage d'inhibition/mg/protéines}}{50}$$

D'où : Activité spécifique SOD = Y/50 en Unité SOD / mg de protéines

8. Mesure de l'activité de la glutathion peroxydase (GSH-Px)

a. Principe

L'activité GSH-Px est mesurée par la technique de FLOHE et GUNZLER (1984) modifiée en utilisant le H_2O_2 comme substrat. C'est une méthode qui se base sur l'oxydation du glutathion GSH en présence de DTNB.

L'activité enzymatique GSH-Px est calculée en mesurant le taux de GSH réduit et en se référant à la réaction non enzymatique.

b. Protocole expérimental

L'activité GSH-Px a été mesurée à 412 nm à l'aide d'un spectrophotomètre UV visible (Jenway 6105) par la variation de la densité optique consécutive à l'oxydation du GSH (réactifs et solutions, annexe sol 7).

Les concentrations et les quantités des réactifs nécessaires au dosage de l'activité GSH – Px sont représentées selon le tableau 6.

Tableau 6 : méthode de dosage de l'activité de la GSH-PX

	Essai	Blanc
Echantillon (S9)	200µl	–
GSH réduit	400µl	400µl
Tampon KNaHPO₄	200µl	400µl
Incubation au bain marie à 25°C (5 minutes)		
H₂O₂	200µl	200µl
Laisser 10 minutes au repos		
TCA	1 ml	1 ml
Mettre le mélange 30 minutes dans la glace Centrifugation à 3000 tours/min (10 minutes)		
Surnageant	480µl	480µl
Na₂HPO₄	2,2 ml	2,2 ml
DTNB	320µl	320µl

La DO a été mesurée à 412 nm dans les 5 minutes qui suivent l'ajout du DTNB. Le spectrophotomètre est calibré par le tampon phosphate.

c. Calcul

L'activité GSH-Px est exprimée en : µmol GSH réduit/ min/mg de protéines ; elle est calculée selon la formule suivant :

$$\mu mol\, GSH_{\,r\acute{e}duit\ disparu\,/\,min/mg\ de\ prot\grave{e}ines} = \left[\left(\frac{DO_{essai} - DO_{blanc}}{DO_{blanc}}\right) \times \left(\frac{0,04 \times 5}{X \times 10}\right)\right]$$

Avec :

- X : concentration en protéines (mg/ml)
- 0,04 : quantité initiale de GSH réduit
- 5 : pour passer de l'activité dans 200 µl à l'activité dans 1 ml
- 10 : temps de réaction.

IV. HISTOLOGIE

La technique utilisée est celle décrite par GABE, 1968. Elle comporte les étapes suivantes :

- Fixation :

Les reins ainsi que les testicules ont été fixés dans le liquide de Bouin alcoolique pendant 48 h puis placés dans de l'alcool 70° : milieu de conservation (annexe, sol 8).

- Déshydratation :

Elle se fait comme suit :

✓ 3 bains d'alcool éthylique 70° de 24h chacun ;

✓ Un bain d'alcool éthylique 95° de 1h (annexe, sol 9);

✓ 3 bains d'alcool butylique de 3h chacun.

- Inclusion :

Elle se fait à une température de 58°C dans les bains suivants :

  ✓ Butyle paraffine pendant 2h (voir annexe, sol 10) ;

  ✓ Paraffine pendant 2h 30min (voir annexe, sol 11) ;

  ✓ Paraffine pure et filtrée 3h puis une nuit ;

  ✓ La mise en bloc se fait le matin.

Les coupes de 6 µm d'épaisseur ont été réalisées à l'aide d'un microtome Leica. Elles ont été collées à l'aide d'albumine glycérinée (annexe, sol 12) sur des lames nettoyées par l'alcool éthylique 95°.

- Coloration :

Les coupes ont été placées sur une plaque chauffante pour faire fondre la paraffine puis déparaffinées dans deux bains de toluène (2 fois 15 min) puis deux bains d'alcool absolu (100°) (2 fois 5 min). Elles ont été réhydratées par deux rinçages, l'un à l'eau de robinet et l'autre à l'eau distillée. La coloration a été réalisée à l'aide d'hématoxyline – éosine (annexes, sol 13 et 14). Pour cela, les lames ont été trempées dans un bain d'hématoxyline qui colore en bleu violacé des structures basophiles (noyaux). Après un lavage à l'eau de robinet, les lames ont été plongées deux fois dans un bain de HCl 1 % pour la différenciation des coupes puis lavées 2 fois à l'eau de robinet. Pour obtenir une coloration bleue des coupes, les lames ont été trempées pendant environ 3 min dans un bain de carbonate de lithium (solution saturée). Après un lavage à l'eau de robinet, les lames ont été placées pendant 5 min dans un bain d'éosine pour la coloration des structures acidophiles (cytoplasme). Un dernier lavage à l'eau de robinet a été effectué, puis les coupes ont été déshydratées par passages successifs dans 2 bains d'alcool 100° (2 fois 5 min) puis 2 bains de toluène (2 fois 5 min). Des

71

lamelles ont été collées sur les lames à l'aide de baume de Canada (Gimb H). Les préparations ont ensuite été séchées puis observées au microscope optique et photographiées à l'aide d'un appareil photo (Leica Wild MP48).

V. Traitements statistiques des résultats

1. Calcul de la moyenne et de l'erreur standard

Les résultats sont présentés sous forme de moyennes avec leurs erreurs standard (Moyenne ± ESM) avec :

$$ESM = \frac{S}{\sqrt{N}}$$

cas $\qquad$ S : écart type (LISON, 1958) ; N : Nombre de

Et $\qquad$ $$S = \sqrt{\frac{\sum x^2 - \frac{(\sum x)^2}{N}}{N-1}}$$ $\qquad$ (LISON, 1958)

- $\sum x^2$: Somme des carrés des données

- $\dfrac{(\sum x)^2}{N}$: Terme de correction

- N – 1 : Nombre de degré de liberté.

2. Test de comparaison des moyennes

Pour savoir la signification statistique des différences observées entre deux moyennes M1 et M2 de deux séries expérimentales de N1 et N2, on a utilisé le test de la variable « t » de Student.

$$t = \frac{m_1 - m_2}{\sqrt{\frac{S^2}{N_1} + \frac{S^2}{N_2}}}$$ $\qquad$ (SCHWARTZ, 1963)

Avec :

m1 : moyenne de la série expérimentale de N1

72

m2 : moyenne de la série expérimentale de N2

La valeur de « t » théorique est donnée par la table pour N1 + N2 – 2 degrés de liberté et pour une probabilité p donnée, elle est comparée à la valeur de « t » calculée.

- ✓ Si pour la valeur de « t » calculée, $p<0,01$, on dit que la différence est hautement significative (HS notée **) ;

- ✓ Si pour la valeur « t » calculée, $0,01 \leq p \leq 0,05$, la différence est alors significative (S notée*) ;

- ✓ Si pour la valeur « t » calculée, $p>0,05$ donc la différence n'est pas statistiquement significative.

Résultats& Discussions

Partie 1 : Etude *in vitro*

Exploration de l'activité antioxydante et antiradicalaire de la mauve sauvage

Plusieurs plantes aromatiques, épicées et médicinales sont caractérisées par des propriétés antioxydantes grâce à leurs composés phénoliques tels que les polyphénoles, les flavonoïdes et les tanins (VITOR *et al.*, 2004).

La mauve, définie comme étant une plante médicinale, est largement répandue dans la nature. C'est une plante de genre Malva et d'espèce sylvestris appartenant à la famille des Malvacées et présentant une source importante de composés phénoliques antioxydants en particulier les flavonoïdes tel que le 8-hydroxyflavonoïde.

Ces antioxydants naturels contribuent à la prévention dégénérative des maladies chroniques causées par le stress oxydatif (KAUR *et al.*, 2001 ; BRUNO *et al.*, 2008).

Comme une partie de notre étude, nous nous sommes intéressées à montrer l'effet protecteur de la mauve ainsi que ses composés phénoliques « in vitro » et ceci en se basant sur des tests antiradicalaires et des tests antioxydants.

I. ETUDE DE L'ACTIVITÉ ANTIRADICALAIRE

L'activité antiradicalaire de la mauve est déterminée selon sa capacité de piéger les radicaux libres.

L'activité de piégeage des radicaux libres a été mesurée en utilisant le 2,2-diphényl-1-picrylhydrazyl (DPPH) qui est un radical libre stable. La réduction de l'absorbance du DPPH est révélateur de la capacité de l'extrait de récupérer les radicaux libres (ou à donner les électrons au radical DPPH) (VAYA *et al.*, 2003).

La valeur de la C_I50, définie comme étant la concentration de l'extrait requis qui présente 50% d'inhibition des radicaux hydroxyles est un paramètre largement utilisé pour mesurer l'activité antiradicalaire (GORDANA *et al.*, 2007).

En effet, on a pu montrer que la concentration de la mauve qui présente 50% d'inhibition des radicaux hydroxyles est de 0,68 g/l en partant d'une solution mère de 1g de plante aérienne sèche/l.

Tableau 7 : Variation de l'activité antiradicalaire de la mauve

Essais (g plante aérienne sèche/l)	0,006	0,01	0,68	1
%d'inhibition	21,87	22,5	50	72,5

II.ETUDE DE L'ACTIVITÉ ANTIOXYDANTE

Dans un second essai, l'activité antioxydante a été déterminée à partir de l'inhibition de l'oxydation des lipides et ceci en inhibant la formation des anions superoxydes O_2^- (MUNEVVER.S *et al.*, 2004).

Dans ce cadre, nos résultats ont montré que la solution mère de la mauve présente une activité antioxydante remarquable en inhibant l'anion superoxyde O_2^- avec un pourcentage d'inhibition de 49,37% .

Tableau 8 : Variation de l'activité antioxydante de la mauve

Essais (g plante aérienne sèche/l)	0,006	0,01	0,02	1
% d'inhibition	19,15	23,75	26,87	49,37

Ces deux activités antiradicalaires et antioxydantes sont attribuées à la présence des polyphénoles et des flavonoïdes en particulier le 8-hydroxyflavonoïde.

En effet, les polyphénoles sont considérés comme l'un des groupes phytochimiques qui ont des propriétés antioxydantes, antimicrobiennes et anticancéreuses (LIU, 2002 ; SÜZGEC *et al.*, 2005; BENDINI *et al.*, 2006). Ainsi, ces polyphénoles naturels ont une structure idéale pour la capture des radicaux libres. Il a été constaté que leur activité antioxydante dépasse l'effet d'autres antioxydants connus tels que les vitamines A, E, les caroténoïdes etc… (MUNEVVER.S *et al*., 2004).

Par ailleurs, les flavonoïdes sont des composés naturels jouant un rôle important dans plusieurs effets biologiques. Ils sont caractérisés par des propriétés antitumorales, anti-inflammatoires, et surtout par des propriétés antioxydantes en participant à la récupération des espèces oxygénées radicalaires (ROS) (RICE-EVANS, 2001 ; LIU, 2004 ; WOODMAN *et al*., 2004; SIMONY *et al*., 2005).

A la fin de cette étude, il faut noter que l'évaluation de l'activité antioxydante et antiradicalaire de la mauve mérite d'être approfondie « in vivo » en déterminant son effet protecteur contre l'impact des métaux lourds à savoir le vanadium et ceci sur la croissance corporelle des rats ainsi que sur la péroxydation lipidique. Il serait également intéressent de fractionner et purifier notre infusion de mauve dans le but d'isoler la ou les molécules responsables de ses activités.

Partie 2 : Etude *in vivo*

Chapitre 1   Exploration de la croissance générale

La croissance est un processus strictement régulé. Cependant, la manifestation de ce processus peut être favorisée ou défavorisée par différents facteurs influençant le mode et le rythme de la croissance.

Il est naturellement évident que la croissance peut être influencée négativement par des effets défavorables du milieu (BODZSAR *et al.*, 2004) tels que les facteurs climatiques, le stress, les agents polluants (le plomb, le nickel, le vanadium…). Dans ce cadre, nous nous sommes intéressés à étudier l'effet du métavanadate d'ammonium en tant qu'agent stressant ainsi que de la mauve en tant qu'antioxydant, sur la croissance corporelle du rat mâle pubère ainsi que sur la croissance de certains organes (foie, reins et testicules).

I. ACTION DU VANADIUM SUR LA CROISSANCE CORPORELLE

Les résultats obtenus ont montré une diminution du poids corporel des rats traités par le vanadium durant les 15 premiers jours par rapport aux témoins (Fig.6). On note l'apparition d'un phénomène de diarrhée avec une proportion de 45 % chez les populations traitées et un taux de mortalité de 26 %.

Au-delà du 15ème jour, on a remarqué une augmentation nette de la croissance corporelle qui devient comparable à celle des témoins.

Chez les rats recevant la mauve comme eau de boisson, la courbe de croissance coïncide avec celle des témoins.

Malheureusement, l'association entre la mauve et le vanadium n'a montré aucune amélioration de l'état des rats par rapport à ceux recevant le vanadium. Toutefois, il y a absence du phénomène de diarrhée et de la mortalité.

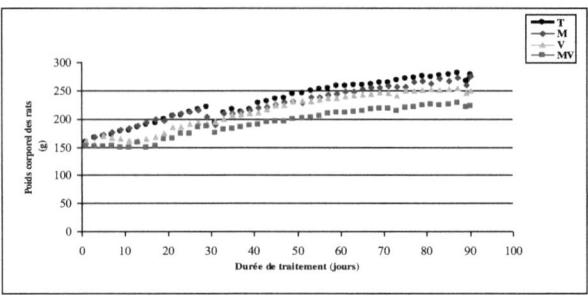

Figure 6 : Evolution du poids corporel (g) des rats témoins et traités durant 15, 30, 60 et 90 jours

82

II. ACTION DU VANADIUM SUR LA CROISSANCE DE CERTAINS ORGANES

Nous avons suivi l'évolution des poids absolus (PA) et relatifs (PR) des organes suivants : foie (Tableau 9), reins (Tableau 10) et testicules (Tableau 11) chez les rats traités recevant soit le vanadium, soit la mauve, soit les deux ensemble.

Nos résultats n'ont montré aucune variation statistiquement significative des poids absolus et relatifs de ces organes chez tous les groupes traités comparativement aux témoins.

Tableau 9 : Evolution du poids absolu PA (g) et du poids relatif PR (g/100 g de poids corporel) du <u>foie</u> des rats témoins et traités durant 15, 30, 60 et 90 jours
Les valeurs représentent la moyenne ±EMS
(…) : Nombre de déterminations

Temps (jours)	T		V		M		MV	
	PA	PR	PA	PR	PA	PR	PA	PR
15	8,037 ± 0,193 (n=5)	3,835 ± 0,121 (n=5)	6,613 ± 0,997 (n=5)	3,825 ± 0,209 (n=5)	7,282 ± 0,388 (n=5)	3,715 ± 0,093 (n=5)	3,761 ± 0,001 (n=5)	3,002 ± 0,16 (n=5)
30	8,463 ± 0,503 (n=5)	3,906 ± 0,148 (n=5)	6,914 ± 0,470 (n=5)	4,292 ± 0,098 (n=5)	8,146 ± 0,201 (n=5)	3,802 ± 0,095 (n=5)	7,562 ± 0,563 (n=5)	4,212 ± 0,11 (n=5)
60	8,923 ± 0,373 (n=5)	3,369 ± 0,138 (n=5)	8,379 ± 0,068 (n=5)	3,841 ± 0,128 (n=5)	10,194 ± 0,580 (n=5)	3,824 ± 0,130 (n=5)	7,791 ± 0,251 (n=5)	3,628 ± 0,083 (n=5)
90	10,499 ± 0,310 (n=5)	4,036 ± 0,056 (n=5)	10,214 ± 0,184 (n=5)	4,491 ± 0,265 (n=5)	10,896 ± 0,480 (n=5)	4,155 ± 0,103 (n=5)	8,940 ± 0,345 (n=5)	3,996 ± 0,066 (n=5)

Tableau 10 : Evolution du poids absolu PA (g) et du poids relatifs PR (g/100 g de poids corporel) des <u>reins</u> des rats témoins et traités durant 15, 30, 60 et 90 jours

Les valeurs représentent la moyenne ±EMS
(…) : Nombre de déterminations

Temps (jours)	T		V		M		MV	
	PA	**PR**	**PA**	**PR**	**PA**	**PR**	**PA**	**PR**
15	0,780 ± 0,045 (n=5)	0,372 ± 0,025 (n=5)	0,770 ± 0,081 (n=5)	0,460 ± 0,055 (n=5)	0,747 ± 0,046 (n=5)	0,382 ± 0,017 (n=5)	0,618 ± 0,054 (n=5)	0,502 ± 0,017 (n=5)
30	0,773 ± 0,040 (n=5)	0,356 ± 0,003 (n=5)	0,718 ± 0,052 (n=5)	0,445 ± 0,01 (n=5)	0,789 ± 0,046 (n=5)	0,367 ± 0,012 (n=5)	0,792 ± 0,037 (n=5)	0,445 ± 0,016 (n=5)
60	0,892 ± 0,035 (n=5)	0,337 ± 0,016 (n=5)	0,937 ± 0,023 (n=5)	0,428 ± 0,008 (n=5)	0,961 ± 0,061 (n=5)	0,360 ± 0,013 (n=5)	0,917 ± 0,017 (n=5)	0,428 ± 0,012 (n=5)
90	0,854 ± 0,047 (n=5)	0,328 ± 0,013 (n=5)	1,021 ± 0,043 (n=5)	0,445 ± 0,030 (n=5)	0,863 ± 0,035 (n=5)	0,330 ± 0,012 (n=5)	0,992 ± 0,076 (n=5)	0,440 ± 0,014 (n=5)

Tableau 11: Evolution du poids absolu PA (g) et du poids relatif PR (g/100 g de poids corporel) des testicules des rats témoins et traités durant 15, 30, 60 et 90 jours

Les valeurs représentent la moyenne ± EMS
(…) : Nombres de déterminations

Temps (jours)	T PA	T PR	V PA	V PR	M PA	M PR	MV PA	MV PR
15	1,182 ± 0,04 (n=5)	0,563 ± 0,017 (n=5)	1,089 ± 0,047 (n=5)	0,656 ± 0,066 (n=5)	1,130 ± 0,014 (n=5)	0,580 ± 0,02 (n=5)	0,959 ± 0,02 (n=5)	0,792 ± 0,042 (n=5)
30	1,146 ± 0,037 (n=5)	0,531 ± 0,017 (n=5)	0,857 ± 0,147 (n=5)	0,517 ± 0,066 (n=5)	1,122 ± 0,064 (n=5)	0,522 ± 0,02 (n=5)	1,066 ± 0,019 (n=5)	0,602 ± 0,029 (n=5)
60	1,260 ± 0,049 (n=5)	0,475 ± 0,019 (n=5)	1,132 ± 0,008 (n=5)	0,519 ± 0,02 (n=5)	1,287 ± 0,055 (n=5)	0,484 ± 0,015 (n=5)	1 ,087 ± 0,038 (n=5)	0,507 ± 0,02 (n=5)
90	1,160 ± 0,023 (n=5)	0,448 ± 0,019 (n=5)	1,179 ± 0,035 (n=5)	0,510 ± 0,017 (n=5)	1,213 ± 0,012 (n=5)	0,465 ± 0,017 (n=5)	1,140 ± 0,023 (n=5)	0,514 ± 0,03 (n=5)

DISCUSSION

Le système endocrinien de la croissance est un système complexe qui inclue de hautes interactions homéostasiques. En effet, les fonctions endocriniennes ne sont pas stables et dépendent de l'âge et des phases de développement (PRYOR *et al* ., 2000). Le contrôle endocrinien de la croissance implique l'interaction entre plusieurs hormones et facteurs de croissance agissant à la fois d'une façon systématique et locale (SARKAR *et al*., 2007).

Traditionnellement, l'hormone de croissance GH (GH : Growth hormone) a été considérée comme étant un facteur endocrinien produit dans l'hypophyse antérieure et agissant directement sur des sites cibles (HARVEY *et al*., 2007). En effet, des travaux ont montré que la GH est une hormone essentielle pour une croissance somatique postnatale normale. Elle joue un rôle important dans la coordination des voies métaboliques conduisant à une augmentation du poids corporel et renforce l'efficacité de la conversion alimentaire (SARKAR *et al*., 2007).

L'exposition à des perturbateurs endocriniennes au cours des phases prénatales et postnatales peut impliquer des effets à long terme (AYDOGAN et BARLAS, 2006).

Nos résultats montrent que l'administration du vanadium par voie orale, en tant qu'agent stressant, fait diminuer la croissance corporelle par rapport aux témoins au cours des 15 premiers jours de traitement avec un taux de mortalité de 26 % au cours des 4 premiers jours de traitement suivi d'un phénomène de diarrhée chez 45 % de la population traitée.

Ces données sont en accord avec les travaux de ROSANNA et ses collaborateurs (2000) qui ont démontré qu'une diminution significative du poids corporel a été observée chez les rats ayant reçu du sels de vanadium avec une quantité comprise entre 50 et 180 mg/kg Pc / j dans l'eau potable et ceci pour un an de traitement.

De même, SANCHEZ *et al.* (1998) ont noté une réduction significative du poids corporel des rats traités par gavage oral du métavanadate de sodium avec 16,4 mg/ kg Pc/j pendant 8 semaines.

D'autres part, d'autres résultats ont été à l'écart. En effet, la croissance des rats mâles ayant buvant le vanadium avec une quantité de 30- 45 mg/kg Pc/j complétée par 5 % de NaCl durant 2 mois, n'a pas été retardée (ROSANNA *et al.*, 2000).

D'après ces travaux, l'exposition au vanadium au cours de la période périnatale réduit d'une manière significative la croissance progéniture. Ainsi, ce retard de croissance reste important après sevrage (ROSANNA *et al.*, 2000).

Par ailleurs, ce retard de croissance provoqué par le vanadium est en relation avec la diminution de la concentration en GH qui est fortement influencée avec l'âge (SARKAR *et al.*, 2007).

Des études récentes ont montré qu'un état de stress, pouvant résulter d'une exposition chronique au vanadium. Il induit au début de la période postnatale des effets à long terme sur la croissance (TOSHIHIRO *et al.*, 2007) et produit des anomalies au niveau du complexe hypothalamo-hypophysaire surrénalien (HPA) et l'axe hypothalamo-hypophyse-thyroïde (YIN *et al.*, 2007).

Nos résultats montrent aussi que les rats traités par la mauve montrent une croissance corporelle comparable à celle des témoins, cela peut être expliqué par sa richesse en composés phénoliques et particulièrement en flavonoïdes.

En effet, plusieurs travaux ont montré que la mauve sauvage en tant qu'une plante médicinale, est riche en polyphénoles (MUNEVVER *et al.*, 2004) et flavonoïdes (VITOR *et al.*, 2004) en particulier le 8-hydroxyflavonoide (BILLETER *et al.*, 1991).

Des travaux récents ont montré que ses composants naturels sont capables d'intervenir dans diverses propriétés antioxydantes (GLADINE *et al*., 2006), anti-inflammatoires et anticancéreuses (PI-JEN *et al*., 2007).

Malheureusement, l'association entre la mauve et le vanadium n'a montré aucune amélioration de l'état des rats recevant le vanadium seul. On note l'absence du phénomène de diarrhée et de mortalité.

L'absence du taux de mortalité et du phénomène de diarrhée peuvent être expliqués par l'effet antioxydant des composés phénoliques de la mauve qui protègent l'organisme contre les effets cytotoxiques exercés par le vanadium en tant qu'un agent stressant.

Elle peut être expliquée aussi par les qualités laxatives calmantes et adoucissantes intestinales de la mauve.

La récupération du poids corporel observée après 15 jours de traitement chez les groupes ayant reçu le vanadium associé ou non avec la mauve pourrait être expliqué par l'intervention d'un système de régulation éventuellement l'hormone de croissance et les facteurs de croissance qui adaptent l'organisme et améliorent la croissance.

CONCLUSION

- L'administration du vanadium, par voie orale, induit chez les rats mâles une

diminution du poids corporel en fonction de l'age au début du traitement. Cette diminution a provoqué une mortalité de 26 % au cours des 4 premiers jours et un phénomène de diarrhée chez 45 % de la population traitée ce qui témoigne de l'effet cytotoxique de ce métal.

Une récupération du poids corporel observée après 15 jours de traitement peut être expliquée par l'intervention des systèmes de régulation qui adaptent l'organisme et améliorent la croissance.

- Chez les rats recevant la mauve dans l'eau de boisson, la croissance semble être

comparable à celle des témoins.

- Malheureusement, chez les rats buvant la mauve associée avec le vanadium, aucune

amélioration de l'état des rats recevant le vanadium seul n'a été observée. On note seulement l'absence de mortalité et du phénomène de diarrhée.

L'absence du phénomène de diarrhée chez les rats recevant la mauve+vanadium peut être expliquée par l'effet gastroprotecteur des tanins, contenus dans cette plante.

Chapitre 2   Exploration de certains biomarqueurs physiologiques de la toxicité

Le vanadium est un métal de transition auquel on donne une attention spéciale aux questions de la gestion environnementale et de la santé (AURELIANO *et al*., 2002).

Les effets défavorables des métaux toxiques ont été étudiés dans des systèmes rénaux et reproducteurs et dans des organes cibles comme les reins et les testicules. En effet, des études ont montré que l'exposition au vanadium a été associée principalement à la nephrotoxicité (SOARES *et al*., 2006). D'autres recherches ont montré qu'un excès de vanadium est à l'origine d'une induction des effets toxiques aux testicules, au sperme et au règlement hormonal de la spermatogenèse (AMAR *et al*., 2007 ; MORGAN, 2003).

Plusieurs études biologiques ont montré la capacité du vanadium de produire les espèces oxygénées actives (EOA) en inhibant l'activité des enzymes antioxydantes aboutissant à la péroxydation lipidique (SOUSSI *et al*., 2006). Toutefois, et face à ces perturbations causées par le vanadium classé parmi les agents de stress oxydant, des recherches récentes ont été faites afin d'établir l'effet bénéfique des antioxydants contre les effets toxiques de ces stress (KERKENI, 2002). Pour cette raison, nous nous sommes intéressés à étudier l'impact de la mauve sauvage riche en polyphénols contre les processus cytotoxiques induits par le vanadium et ceci sur la péroxydation lipidique, certains paramètres biochimiques et hormonaux ainsi que sur certains paramètres histologiques.

I. DETERMINATION DES TAUX DES PROTEINES CYTOSOLIQUES

1. Détermination du taux des protéines au niveau du foie

Nos résultats ont montré, chez les rats ayant ingéré le vanadium, une diminution significative du taux des protéines au niveau du foie durant le premier mois de traitement suivi d'un retour à la normale jusqu'à la fin du traitement (Fig. 7).

Chez les rats recevant la mauve associée ou non au vanadium, le taux des protéines semble être comparable à celui des témoins.

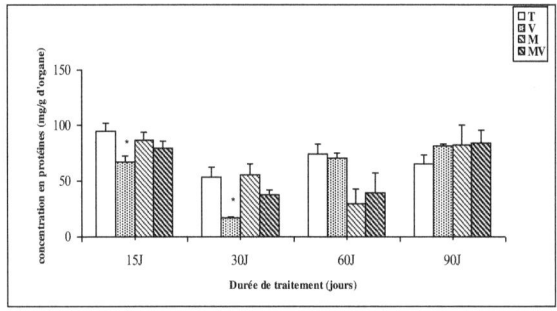

Figure 7: Variation du taux des protéines du foie (mg/g d'organe) chez les rats mâles témoins et traités durant 15, 30, 60 et 90 jours

* : $p \leq 0.05$ par comparaison avec les rats témoins

n=5 : nombre de déterminations

2. Détermination du taux des protéines au niveau des reins

Le traitement des rats par du vanadium associé ou non à la mauve ainsi que le traitement par la mauve toute seule ne montrent aucune variation significative du taux des protéines rénales tout au long du traitement (Fig.8).

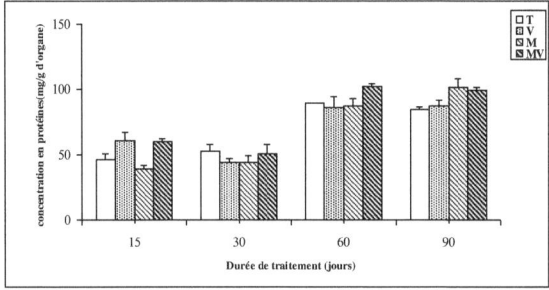

Figure 8: Variation du taux des protéines du rein (mg/g d'organe) chez les rats mâles témoins et traités durant 15, 30, 60 et 90 jours

n=5 : nombre de déterminations

3. Détermination du taux des protéines au niveau des testicules

L'administration du vanadium a provoqué une diminution significative du taux des protéines présentes dans l'extrait des testicules par rapport aux témoins et ceci durant le premier et le deuxième mois de traitement suivie d'une récupération lors du dernier mois (Fig. 9).

Associée ou non avec le vanadium, la mauve n'a montré aucune variation du taux des protéines par rapport aux témoins et ceci durant toute la période de traitement.

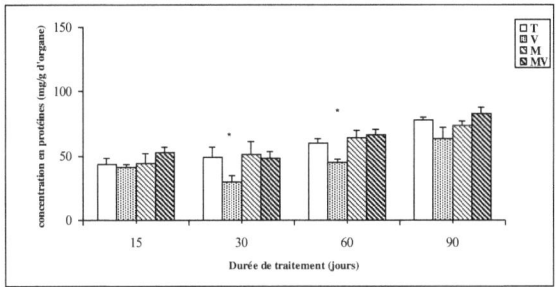

Figure 9 : Variation du taux des protéines des testicules (mg/g d'organe) chez les rats mâles témoins et traités durant 15, 30, 60 et 90 jours

* : p≤ 0.05 par comparaison avec les rats témoins

n=5 : nombre de déterminations

II.EFFET SUR LA PEROXYDATION LIPIDIQUE

Les lipides sont les constituants essentiels des membranes cellulaires et des lipoprotéines. Leur péroxydation est un processus qui intervient dans certaines pathologies dans lesquelles le stress oxydant est impliqué.

La péroxydation lipidique est un mécanisme en chaîne de dégradation des acides gras (AG) membranaires conduisant à la formation d'hydroperoxydes instables, responsables de la diminution de la fluidité membranaire.

Dans ce chapitre, nous nous sommes intéressés à doser les TBARS (Thiobarbituric Acid Reactive Substances), et ceci au niveau du foie, des reins et des testicules.

1. Variation du taux de la péroxydation lipidique au niveau du foie

L'administration du vanadium a entraîné une augmentation significative du taux de la péroxydation lipidique au niveau du foie par rapport aux témoins et ceci durant les 60 jours de traitement suivie d'une récupération de ce paramètre lors des 30 derniers jours, ce qui montre l'effet toxique de ce métal (Fig. 10).

Par ailleurs, en présence de la mauve± vanadium, le taux des TBARS semble être comparable à celui des témoins durant toute la période de traitement.

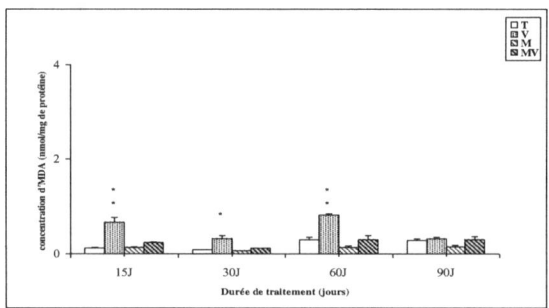

Figure 10 : Variation du taux des TBARS au niveau du foie (nmol/mg de protéines) chez les rats mâles témoins et traités durant 15, 30, 60 et 90 jours

* : p≤ 0.05 par comparaison avec les rats témoins

2. Variation du taux de la péroxydation lipidique au niveau des reins

Au niveau des reins, le vanadium a entraîné une augmentation significative du taux de la péroxydation lipidique et ceci à partir du 30ème jour jusqu'à la fin du traitement (Fig. 11).

Chez les rats buvant la mauve associée ou non au vanadium, les valeurs ne montrent aucune variation statistiquement significative en comparaison avec les témoins et ceci durant toute la période de traitement.

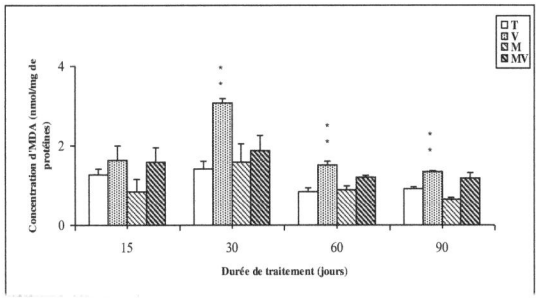

Figure 11: Variation du taux des TBARS au niveau des reins (nmol/mg de protéines) chez les rats mâles témoins et traités durant 15, 30, 60 et 90 jours

* : p≤ 0.05 par comparaison avec les rats témoins

** : p≤0.01 par comparaison avec les rats témoins

n=5 : nombre de déterminations

3. Variation du taux de la péroxydation lipidique au niveau des testicules

Le taux de la péroxydation lipidique dans l'extrait des testicules des rats traités par le vanadium a montré une élévation significative de ce paramètre par rapport aux témoins durant le premier mois du traitement suivi d'une récupération lors des deux derniers mois (Fig. 12).

Dans le cas où la mauve serait supplémentée ou non par le vanadium, on n'a remarqué aucune variation du taux de la péroxydation qui semble être comparable à celle des témoins.

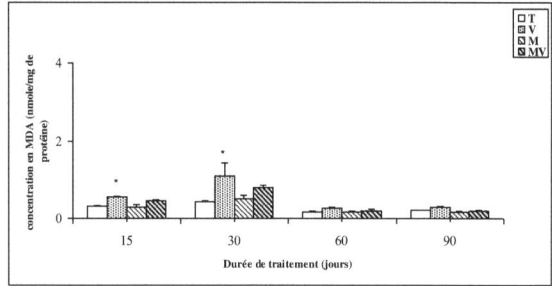

Figure 12 : Variation du taux des TBARS au niveau des testicules (nmol/mg de protéines) chez les rats mâles témoins et traités 15, 30, 60, et 90 jours

* : p≤ 0.05 par comparaison avec les rats témoins

n=5 : nombre de déterminations

III. HISTOLOGIE RENALE ET TESTICULAIRE

1. Histologie rénale

Selon les résultats obtenus, le rein semble être parmi les organes touchés par le vanadium. En effet, l'histologie des reins des rats traités par le vanadium, a montré une altération structurale de la zone corticale des capsules rénales avec diminution de l'espace de Bowman ou la chambre urinaire. Au niveau des tubules, on a observé une hypertrophie des cellules interstitielles de la membrane limitante des tubules proximaux qui augmentent de taille et réduisent par la suite l'espace urinaire (Planche I). Ces perturbations rénales provoquées par le vanadium et persistant jusqu'à la fin du traitement témoignent de l'installation d'un début d'une défaillance rénale.

Il semble que la mauve protège l'organisme contre l'effet cytotoxique du vanadium étant donné que l'histologie des reins des rats traités par la mauve ou par l'association mauve+vanadium est proche de celle des témoins.

2. Histologie testiculaire

L'étude histologique des testicules des rats témoins a montré des tubes séminifères trop serrés avec des espaces interstitiels trop réduits. Au niveau de la paroi de ces tubules, les différents stades de la spermatogenèse semblent être faciles à observer et se déroulent d'une façon centripète. Ainsi, on observe de la périphérie vers la lumière du tube séminifère, les spermatogonies qui sont de petites tailles situées juste à la proximité de la membrane basale, les spermatocytes I et II plus grands ayant un noyau volumineux en phase de division, les spermatides de taille plus petite et les spermatozoïdes munis de flagelles qui remplissent presque la totalité de la lumière de ces tubes. Chez les rats traités au vanadium comparés aux témoins, ces différents stades sont fortement affectés. En effet, au 30ème jour de traitement, un grand nombre de tubes séminifères ne contiennent plus de spermatozoïdes mûrs (absence de flagelles ou absence totale de spermatozoïdes) avec des lumières élargies et vides. Ces tubes sont atrophiés avec des espaces interstitiels abondants et des travées vides entre les cellules germinales au niveau de leur paroi. Cette atrophie persiste jusqu'au 90ème jour de traitement mais avec récupération du déroulement de la spermatogenèse à partir du 30ème jour (Planche II).

Cette défaillance histologique est quasi absente chez les rats recevant la mauve ou le mélange mauve+vanadium étant donné que l'examen histologique montre des tubes séminifères de structure proche de celle des témoins. Ceci témoigne de l'effet bénéfique de la mauve contre la cytotoxicité sexuelle induite par le vanadium.

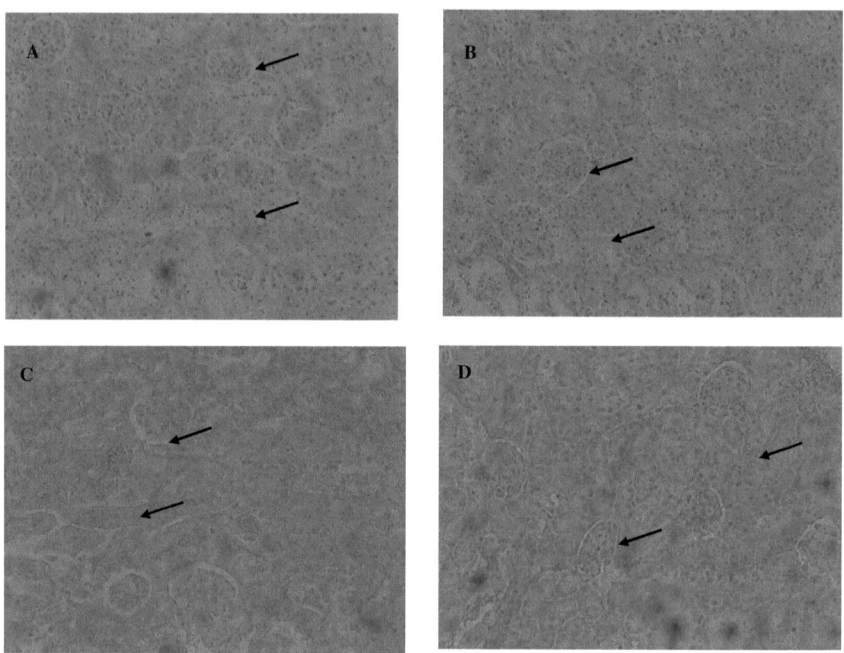

Planche I : Structures histologiques des reins des rats témoins (A) et traités par le vanadium (B), par la
mauve (C) et par la mauve+vanadium (D) durant 30 jours

*Les flèches indiquent l'espace de Bowman et l'oedème des cellules interstitielles

Coloration hématoxyline-éosine (Grx100)

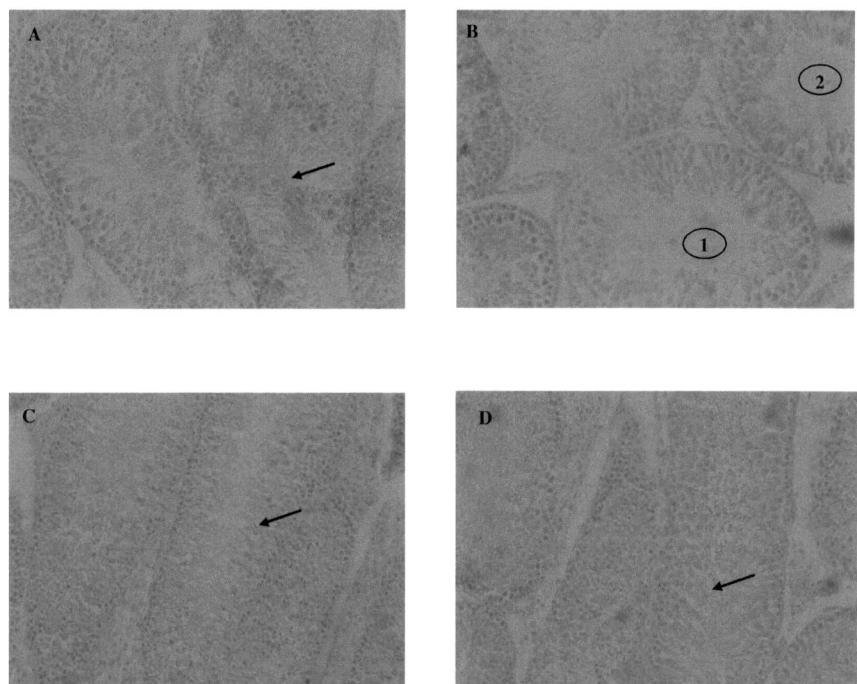

Planche II : Structures histologiques des testicules des rats témoins (A) et traités par le vanadium (B), par la mauve (C) et par la mauve+vanadium (D) durant 30 jours
*Les flèches indiquent la présence de spermatozoïdes dans la lumière des tubes séminifères

(1) Absence totale de spermatozoïdes

(2) Présence de spermatozoïdes immatures (sans flagelles)

Coloration : hématoxyline-éosine (Grx100)

IV. ACTION DU VANADIUM SUR LE TAUX DE LA CREATININE SERIQUE

Les résultats obtenus ont montré qu'il n' y a aucune variation statistiquement significative du taux de la créatinine sérique chez tous les groupes et ceci durant toute la période de traitement à l'exception d'une diminution significative chez les rats buvant le vanadium dans l'eau de boisson durant les 15 premiers jours de traitement (Fig. 13).

Donc, il semble que la déficience rénale déjà montrée par l'étude histologique est débutante, ne touchant pas encore la filtration glomérulaire.

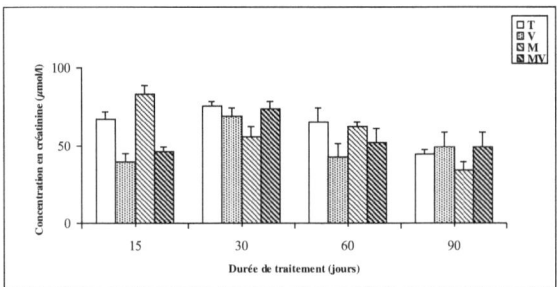

Figure 13: Variation du taux de la créatinine sérique (μmol/l) chez les rats mâles témoins et traités durant 15, 30, 60, et 90 jours

* : p≤ 0.05 par comparaison avec les rats témoins

n=5 : nombre de déterminations

V. ACTION DU VANADIUM SUR LA TESTOSTERONE SERIQUE

Le dosage radio-immunologique de la testostérone sérique n'a montré aucune variation statistiquement significative de ce paramètre chez tous les groupes durant toute la période de traitement (Fig. 14).

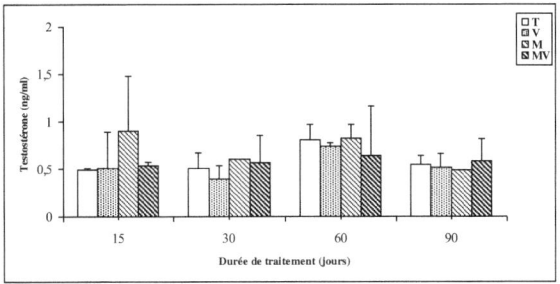

Figure 14: Variation du taux de la testostérone sérique (nmol/l) chez les rats mâles témoins et traités durant 15, 30, 60 et 90 jours.

n=5 : nombre de déterminations

DISCUSSION

Les espèces oxygénées actives (EOA) formées à partir des substances endogènes ou exogènes sont à l'origine de la production des dégâts tissulaires qui initialisent la péroxydation lipidique (VALKO *et al.*, 2006).

La péroxydation lipidique est une réaction qui est à l'origine de la production d'un processus toxicologique (SCIBIOR *et al.*, 2005). Elle est définie comme étant un phénomène de dégradation des acides gras (Ag) polyinsaturés conduisant à la formation des produits conjugués.

L'objectif de cette étude est d'évaluer les effets moléculaires du vanadium au niveau du foie, des reins et des testicules chez les rats ayant reçu le vanadium, en prêtant l'attention sur le niveau d'expression de certaines protéines connues comme étant sensibles à la toxicité des métaux lourds.

Dans ce cadre, nos résultats montrent une diminution significative du taux des protéines au cours du premier mois au niveau du foie et lors du 2ème et 3ème mois au niveau des testicules. Cependant, aucune variation du taux des protéines n'est observable au niveau des reins.

Par ailleurs, RADLOFF *et al.* (1998) ont montré que le vanadate est un inhibiteur des phosphotyrosine phosphatases et, par conséquent, induisant l'augmentation de la quantité des tyrosines phosphorylées.

D'autres études ont montré que le vanadate a un plus fort effet inhibiteur sur plusieurs enzymes par rapport à d'autres composés de vanadium. En effet, les sels de vanadate sont produits avec d'autres composés du vanadium, et par conséquent, contribuent aux effets induits par le vanadium sur les phosphorylases et les ATPases et à la myosine du squelette musculaire (AURELIANO *et al.*, 2005).

Les rats ayant reçu la mauve associée ou non au vanadium présentent un taux de protéines comparable à celui des rats ayant reçu l'eau de robinet ce qui confirme l'effet protecteur de cette plante en particulier de ses composés phénoliques contre le vanadium définit comme agent toxique.

En effet, plusieurs études ont montré que les flavonoïdes sont des antioxydants puissants connus par leur capacité de modifier l'activité de plusieurs enzymes à savoir les protéines kinases calcium-phospholipides dépendantes, les tyrosines kinases, les phosphorylases kinases et l'ADN topoisomérase ce qui montre l'importance de l'interaction protéines-flavonoïdes (KANAKIS *et al.*, 2006).

Des études récentes ont montré que l'effet protecteur des flavonoïdes est en relation avec la complexité des radicaux libres (KANAKIS *et al.*, 2006).

Par ailleurs, CORTIZO *et al.* (2000) ont suggéré l'existence d'une forte corrélation entre le vanadium en tant qu'un agent stressant et la péroxydation lipidique.

Nos résultats montrent que l'administration du vanadium par voie orale à une dose de 0,3 g/l induit une augmentation significative de la péroxydation lipidique (TBARS) au niveau du foie, des reins et des testicules par rapport aux témoins. Cependant, on note un retour à la normale pendant le dernier mois de traitement au niveau du foie et pendant les deux derniers mois au niveau des testicules.

Cette augmentation de la péroxydation lipidique, suite à l'administration du vanadium, est indépendante de la variation du taux de protéines puisqu'on n'a pas enregistré des variations notables de ce paramètre au niveau des 3 organes : foie, reins et testicules ; cela est du à l'effet toxique de ce métal.

Nos résultats confirment ceux de plusieurs autres auteurs qui ont mis en évidence l'augmentation de la péroxydation lipidique après un traitement par le vanadium (SOUSSI *et al.*, 2006). En effet, dans des cultures d'ostéoblastes, CORTIZO et *al.* (2000) ont montré que le vanadate induit la production des EOA et l'augmentation des TBARS et ceci 4 heures après son introduction dans la culture.

Des résultats récents montrent que le traitement par le vanadium à des doses de 0,4 et 0,6 mg de vanadium /kg de poids corporel pris quotidiennement durant 26 jours est à l'origine d'une augmentation de la péroxydation lipidique au niveau des testicules (AMAR et al., 2007).

CORTIZO et ses collaborateurs (2000) ont montré que le vanadate peut provoquer le stress oxydatif en augmentant la formation des TBARS et des radicaux libres hydroxyles dans différents types de cellules incubés à courtes périodes.

Par ailleurs, nous avons pu montrer que les rats recevant la mauve sauvage associée ou non avec le vanadium, présentent un taux de TBARS similaire à celui des témoins ceci au niveau du foie, des reins et des testicules ; cela peut être expliqué par sa richesse en composés phénoliques, en flavonoïdes ainsi qu'en tanins (GRANITO et al., 2007).

Cette diminution du taux de la péroxydation lipidique suggère que la mauve a pu diminuer le stress oxydatif. En effet, des études ont montré que les polyphénoles possèdent une activité antioxydante contre l'oxygène et les radicaux hydroxyles et inhibent la péroxydation lipidique (LINO et al., 2001).

De plus, plusieurs études ont montré les avantages de ces antioxydants naturels intervenant dans la prévention contre les effets négatifs du stress oxydatif. Ces polyphénoles jouent un rôle important dans la défense de la cellule contre le stress oxydatif (TEDESCO et al., 2001).

La présence de la péroxydation lipidique au niveau des membranes biologiques est à l'origine d'une détérioration de l'intégrité structurale des membranes et une diminution de la fluidité membranaire (AMAR et al., 2007).

L'augmentation du taux des TBARS suite à l'exposition chronique au vanadium au niveau du rein montre que celui-ci est un organe accumulateur des métaux lourds.

Ceci est confirmé par l'idée de DE LA TORRE et al. (1998) qui ont montré que le vanadium, comme d'autres métaux lourds, a tendance à s'accumuler dans les reins provoquant la nephrotoxicité. En outre, l'effet nephrotoxique du vanadium est significativement plus sévère chez les adultes que chez les jeunes animaux.

Les résultats confirment ces données bibliographiques. Le vanadium induit chez les rats mâles un début de déficience rénale visualisée sur le plan histologique par un rétrécissement des chambres urinaires et une altération des capsules rénales. De plus, le vanadium a provoqué une hypertrophie des cellules interstitielles de la membrane limitante des tubules proximaux qui augmentent de taille réduisant par la suite l'espace urinaire.

La déficience rénale est à son début, ceci est confirmé par l'absence de variation du taux de la créatinine sérique qu'on a dosé chez tous les groupes par rapport aux rats témoins.

Associé à la mauve, le vanadium semble perdre ses effets cytotoxiques. L'histologie rénale montre des capsules à chambres urinaires espacées similaires à celles des témoins. En effet, des études récentes ont montré la présence de certains nombres de polyphénoles antioxydants à savoir les flavonoïdes jouant un rôle important dans le maintient des activités antioxydantes et dans la protection rénale (SAWAR *et al.*, 2006).

D'autres études ont montré que les polyphénoles antioxydants agissent comme des germicides et des virucides, principalement dans les voies urinaires (COUTINHO, 2002).

Le présent travail a permis également de conclure que le traitement d'une façon chronique du vanadate induit chez les rats mâles une modification de l'histologie testiculaire avec abscence de variations statistiquement significatives du taux de la testostérone.

Il semble donc que le vanadium affecte la fonction exocrine testiculaire, sans altérer sa fonction endocrine. Il se peut aussi que la fonction endocrine soit touchée, mais elle est rapidement corrigée par le rétrocontrôle hypothalamo-hypophyso-testiculaire.

Dans ce cadre, l'étude histologique des gonades sexuelles montre une atrophie des tubes séminifères avec présence des travées entre les cellules germinales au niveau de leur paroi ; ceci peut être à l'origine de l'arrêt de la spermatogenèse.

D'autres résultats sont similaires à nos études histologiques. Le vanadium pris quotidiennement à des doses de 0,4 et 0,6mg/kg du poids corporel pendant 26 jours a produit des lésions testiculaires ce qui amène à l'arrêt de la spermatogenèse (AMAR *et al.*, 2007).

Cependant, ces essais sont apparus normaux au microscope à des doses de 0,2mg/kg de poids corporel.

La spermatogenèse est définie comme étant un processus complexe qui passe par 14 étapes progressives passant des spermatogonies aux spermatocytes produisant finalement des spermatides mûr (AMAR *et al.*, 2007).

Ainsi, l'histoarchitecture testiculaire chez les rats ayant ingéré le vanadium montre des dégâts marqués lors de la spermatogenèse caractérisés par la présence des cellules dégénératives et la rupture de l'épithélium germinal des tubules séminifères. Ce changement de l'histoarchitecture des testicules peut être expliqué par les effets toxiques du vanadium conduisant à la formation des ROS endommageant les différents composants membranaires de cellules testiculaires (AMAR *et al.*, 2007).

Par ailleurs, les résultats ont montré que l'administration du vanadium n'a entraîné aucune modification du taux de la testostérone sérique et ceci par rapport aux rats témoins recevant l'eau potable.

Cependant, DEHGHANI *et al.* (2002) ont montré que l'exposition du vanadium en fonction du temps fait diminuer les activités de D35- hydroxystéroïde déshydrogénase et la 17-b hydroxystéroïde déshydrogénase ce qui entraîne une faible production de la testostérone sérique par les cellules de leydig.

Donc il semble que la fonction hormonale testiculaire est rapidement corrigée chez les groupes (V) par le rétrocontrôle hypothalamo-hypophyso-testiculaire.

Chez les rats buvant la mauve sauvage, on ne note aucune variation du taux de la testostérone. Les mêmes résultats sont enregistrés chez les rats recevant la mauve mélangée avec le   vanadium, ce qui témoigne l'effet bénéfique de la mauve contre les effets cytotoxiques du vanadium. Ceci est confirmé par les études histologiques qui montrent que les tubes séminifères sont proches de ceux des rats témoins pendant toute la période de traitement.

Cet effet protecteur peut être expliqué par l'effet antioxydant de la mauve et précisément de ses constituants à savoir les polyphénoles, les tanins et les flavonoïdes.

Toutefois, plusieurs données ont indiqué que ces substances naturelles présentes dans les plantes sont connues par leur interférence avec le système reproducteur mâle en produisant des modifications de la spermatogenèse ainsi que d'autres effets de grand potentiel sur le système reproducteur mâle (DE CASSIA DA SILVERIA *et al*., 2002).

Il semble que le vanadium devient presque sans effet cytotoxique en présence de la mauve. Cette hypothèse doit être bien vérifiée ultérieurement.

CONCLUSION

L'exposition chronique du vanadium a entraîné :
- Une diminution du taux de protéines lors du premier mois au niveau du foie et pendant le premier et le deuxième mois de traitement au niveau des testicules.

Cependant, aucune variation statistiquement significative de ce paramètre n'est observée au niveau des reins.

- Une augmentation de la péroxydation lipidique :

    *Durant les 60 premiers jours du traitement au niveau du foie ;

    *Au cours des deux derniers mois au niveau des reins. ;

    *Pendant le premier mois au niveau des testicules.

- Une altération structurale de la zone corticale des reins avec réduction des chambres urinaires.

- Une altération structurale des tubes séminifères des testicules avec blocage de la spermatogenèse.

Toutefois, on note une amélioration des paramètres histologiques rénaux et sexuels après le 30éme jour du traitement.

- Une stabilité du taux de la créatinine sérique durant toute la période de traitement.

- Une stabilité du taux de la testostérone sérique durant la période de traitement.

En présence de la mauve, les effets du vanadium déjà signalés sont presque absents.

On peut dire que la mauve sauvage se manifeste comme bénéfique grâce à son pouvoir protecteur contre les effets cytotoxiques du vanadium.

Cette hypothèse doit être étudiée d'avantage par des recherches plus poussées.

Chapitre 3   Exploration du statut antioxydant

Le stress oxydant se définit par une situation de déséquilibre entre la production d'espèces actives oxygénées (EOA) et les mécanismes de défenses. La lutte contre les effets délétères est assurée par des systèmes de défense antioxydants variés chargés de capter et de neutraliser les ROS mais aussi d'éliminer et de remplacer les molécules endommagées. Les éléments constituants de ce potentiel antioxydant global de l'organisme peuvent être distingués selon la nature chimique (protéique ou non) et selon leurs origines endogène ou exogène (EDMOND, 2003). Ils peuvent être soit enzymatiques (comme la catalase, la superoxyde dismutase (SOD), la glutathion peroxydase (GSH-PX)...) ou non enzymatiques (comme les vitamines E et A, les caroténoïdes...) (FAVIER, 1997).

Pour cela, on s'est intéressé dans ce chapitre à évaluer « in vivo » les activités antioxydantes et ceci en étudiant l'action des différentes enzymes antioxydantes à savoir la catalase, la superoxyde dismutase et la glutathion peroxydase.

I. DETERMINATION DE L'ACTIVITE CATALASIQUE

L'administration du vanadium au niveau du foie (Fig.15) et des reins (Fig.16) a entraîné une augmentation significative de l'activité catalasique par rapport aux témoins et ceci lors du 30ème jours de traitement suivi d'un retour à la normale les jours qui suivent jusqu'à la fin de traitement.

Au niveau des testicules, aucune variation statistiquement significative n'est observée durant toute la période de traitement (Fig.17).

Chez les rats buvant la mauve associée ou non avec le vanadium l'activité catalasique est similaire à celle des rats témoins au niveau du foie, des reins et des testicules.

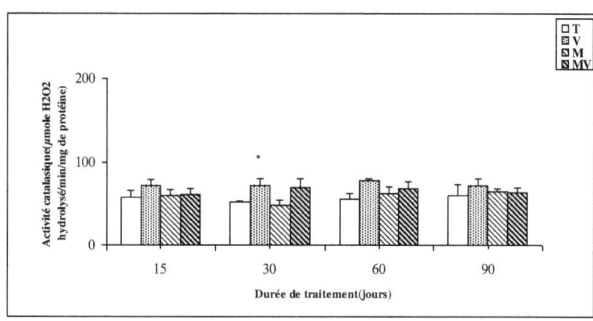

Figure 15 : Variation de l'activité de la catalase du foie (μmol H₂O₂ hydrolysé/min/mg de protéines) chez les rats mâles témoins et traités 15, 30, 60 et 90 jours

* : $p \leq 0.05$ par comparaison avec les rats témoins

n = 5 : nombre de déterminations

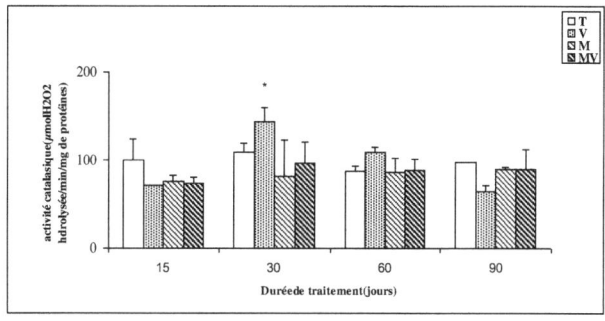

Figure 16 : Variation de l'activité de la catalase des reins (μmol H₂O₂ hydrolysé/min/mg de protéines) chez les rats mâles témoins et traités durant 15, 30, 60 et 90 jours

* : $p \leq 0.05$ par comparaison avec les rats témoins

n=5 : nombre de déterminations

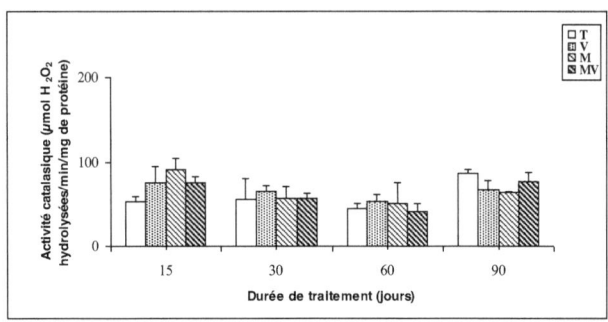

Figure 17 : Variation de l'activité de la catalase des testicules (μ mol H₂O₂ hydrolysé/min/mg de protéines) chez les rats mâles témoins et traités durant 15, 30, 60 et 90 jours

n=5 : nombre de déterminations

II. DETERMINATION DE L'ACTIVITE DE LA SUPEROXYDE DISMUTASE (SOD)

Les résultats ont montré, au niveau du foie (Fig.18) et des reins (Fig.19) une augmentation significative de l'activité de la SOD chez les rats buvant le vanadium par rapport aux rats témoins et ceci durant le 30ème jours de traitement suivie d'un retour à la normale.

Au niveau des testicules (Fig.20), les résultats ne montrent aucune variation statistiquement significative de l'activité de la SOD durant toute la période de traitement.

Chez les rats où la mauve est supplémentée ou non par le vanadium, l'activité de SOD semble être comparable à celle des témoins ce qui témoigne l'effet protecteur de cette plante.

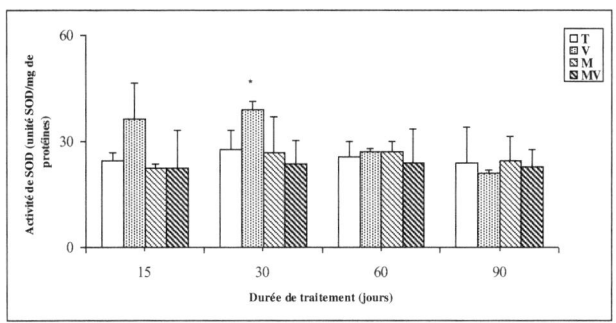

Figure 18: Variation de l'activité de la SOD du foie (unité SOD/mg de protéines) chez les rats mâles témoins et traités durant 15, 30, 60 et 90 jours

* : p≤0.01 par comparaison avec les rats témoins

n=5 : nombre de déterminations

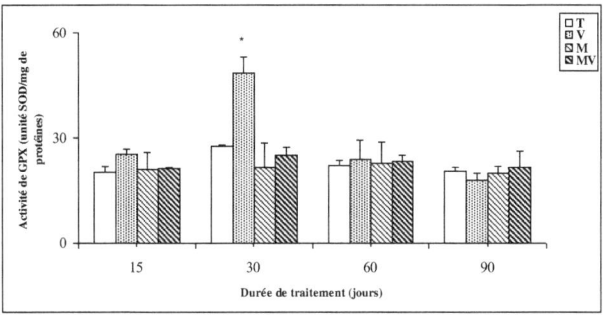

Figure 19 : Variation de l'activité de la SOD des reins (unité SOD/mg de protéines) chez les rats mâles témoins et traités durant 15, 30, 60 et 90 jours

* : p≤ 0.05 par comparaison avec les rats témoins

n=5 : nombre de déterminations

113

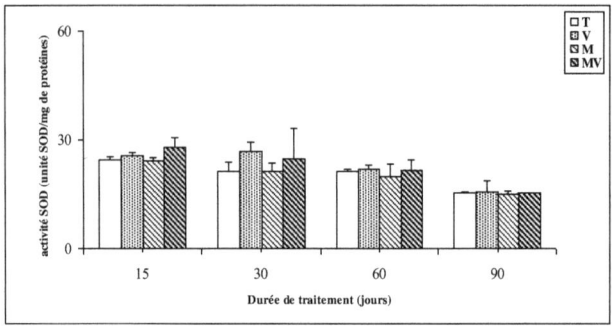

Figure 20 : Variation de l'activité de la SOD des testicules (unité SOD/mg de protéines) chez les rats mâles témoins et traités durant 15, 30, 60 et 90 jours

n=5 : nombre de déterminations

III. DETERMINATION DE L'ACTIVITE DE LA GLUTATHION PEROXYDASE (GSH-PX)

Les résultats ont montré au niveau du foie (Fig.21) et des reins (Fig.22) chez les rats traités ayant ingéré le vanadium, une augmentation significative de l'activité de la GSH-PX par rapport aux rats témoins et ceci pendant le 30ème jours de traitement suivie d'une récupération de ce paramètre les jours qui suivent et ceci jusqu'à la fin du traitement.

Aucune variation statistiquement significative de l'activité de la GSH-PX n'est remarquée au niveau des testicules le long de la période de traitement (Fig.23).

Chez les rats traités par la mauve mélangé ou non par le vanadium, l'activité de cette enzyme est similaire à celle des rats témoins ce qui montre l'effet protecteur de la mauve sauvage.

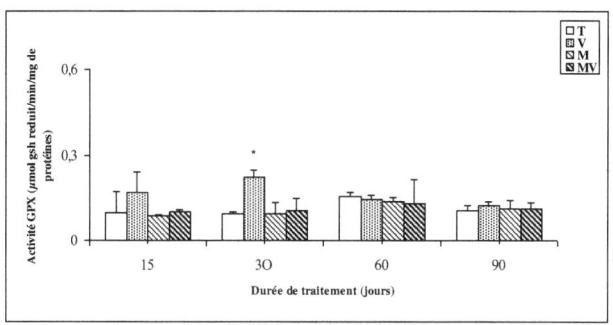

Figure 21: Variation de l'activité de la GSH-PX du foie (μmol GSH réduit/min/mg de protéines) chez les rats mâles témoins et traités durant 15, 30, 60 et 90 jours

* : p≤ 0.05 par comparaison avec les rats témoins

n=5 : nombre de déterminations

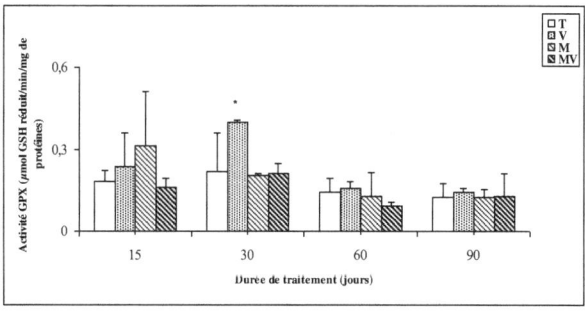

Figure 22: Variation de l'activité de la GSH-PX des reins (μmol GSH réduit/min/mg de protéines) chez les rats mâles témoins et traités durant 15, 30, 60 et 90 jours

* : p≤ 0.05 par comparaison avec les rats témoins

n=5 : nombre de déterminations

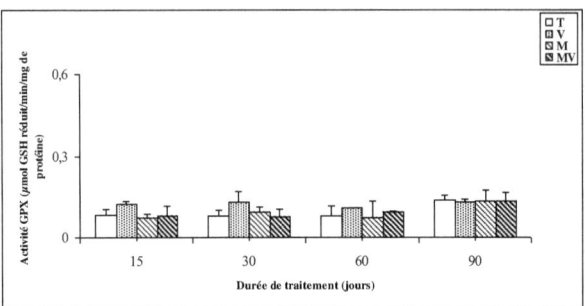

Figure 23 : Variation de l'activité de la GSH-PX des testicules (µmol GSH réduit/min/mg de protéines) chez les rats mâles témoins et traités durant 15, 30, 60 et 90 jours

n=5 : nombre de déterminations

DISCUSSION

Dans les conditions physiologiques normales, un équilibre critique s'établi entre la génération des radicaux libres oxygénés et des systèmes de défense antioxydants utilisés par les organismes pour se protéger contre la toxicité des radicaux libres (SAMEER *et al.*, 2003).

Le vanadium, comme d'autres métaux lourds, est caractérisé par sa capacité de produire les espèces oxygénées réactives (ROS), aboutissant à la péroxydation lipidique et à des modifications des enzymes antioxydantes à savoir la superoxyde dismutase (SOD), la catalase et la glutathion peroxydase (GSH-PX) (AURELIANO *et al.*, 2002). Ces enzymes antioxydantes font une partie essentielle dans la défense cellulaire contre les ROS (AMAR *et al.*, 2007) et dans l'évaluation du statut antioxydant dans les organes à savoir le foie, les reins et les testicules ((SAMEER *et al.*, 2003). En effet, la SOD est connue comme la première ligne de défense contre les effets délétères des radicaux oxygénés dans la cellule en catalysant la dismutation des radicaux superoxydes (MATES et PEREZ-GOMEZ, 1999) en hydrogène peroxydé et en oxygène moléculaire. Elle assure la dismutation de l'anion superoxyde $O_2^{\cdot}$ pour former le peroxyde d'hydrogène H_2O_2, celui-ci est décomposé de nouveau en eau par la catalase et la glutathion peroxydase (GSH-PX) (HAYES et FLANAGAN, 2005).

Les réponses antioxydantes induites par le vanadium sont dépendantes de la concentration de ce métal administré (SOARES *et al.*, 2006).

Les résultats ont montré au niveau du foie et des reins chez les rats buvant le vanadium avec une dose de 0,3 g/l, une augmentation significative de l'activité de la catalase, de la SOD et de la GSH-PX par rapport aux rats témoins et ceci lors du 30ème jour de traitement suivie d'une récupération les jours qui suivent jusqu'à la fin de traitement. Cependant, au niveau des testicules, on ne note aucune variation statistiquement significative de l'activité de ces 3 enzymes et ceci durant toute la période de traitement.

Les résultats confirment l'idée de SOARES *et al.* (2006) qui ont démontré qu'après 12 heures d'exposition du métavanadate d'ammonium, une augmentation de la production des ROS a été remarquée. Cette augmentation a provoqué une élévation de 115 % de l'activité de la SOD mitochondriale. Tandis que le décavanadate d'ammonium a augmenté environ 30 % de l'activité de la SOD mitochondriale après 12 heures de son exposition. Cependant, l'activité de la catalase mitochondriale a diminué de 55 % 12 heures après exposition du décavanadate d'ammonium alors que le métavanadate d'ammonium n'a incité aucun effet.

En plus, GENET *et al.* (2002) ont démontré chez les rats diabétiques traités par le vanadium une diminution significative de l'activité des enzymes antioxydantes SOD et catalase au niveau du foie et des reins. Tandis que l'activité de GPX a diminué au niveau du foie et augmente au niveau des reins.

De même, ALEXANDROVA *et al.* (1998) ont montré que les ions de vanadium inhibaient l'activité de la catalase au niveau du foie et du rein, cette diminution était en rapport avec une induction de la péroxydation lipidique.

Par ailleurs, l'exposition de 1 mg de vanadium/kg du poids corporel a registré après 24 heures de traitement une diminution immédiate de l'activité de la SOD et de la catalase cytosoliques (AURELIANO *et al.*, 2002).

Des études ont indiqué qu'une dose de vanadium dépendante du temps a impliqué une diminution de l'activité de la SOD testiculaire et une diminution du niveau de la catalase chez les animaux traités par le vanadium.

Plusieurs études ont montré l'effet positif des différentes classes de polyphénols sur plusieurs activités enzymatiques à savoir la SOD et la GPX (RODRIGO *et al.*, 2002 ; KHAN et SULTANA, 2004).

Les rats buvant la mauve sauvage associée ou non avec le vanadium ont montré une activité enzymatique de la catalase, de la SOD et de la GPX comparable à celle des rats buvant l'eau de robinet durant la période de traitement.

Cette récupération des activités enzymatiques peut expliquer l'effet bénéfique de la mauve contre l'effet oxydatif induit par le vanadium en particulier ses composés phénoliques naturels qui sont dotés d'une activité antioxydante (SAKTHIVEL *et al.*, 2007).

De plus, des études ont montré que les polyphénoles possèdent une activité contre l'oxygène et les radicaux hydroxyles et inhibent la péroxydation lipidique (LINO *et al.*, 2001).

Des résultats actuels ont montré que certains polyphénoles ont incité l'expression des enzymes antioxydantes responsables de l'élimination des agents carcinogènes et l'inactivation des ROS (HYE-KYUNG *et al.*, 2007). En effet, un facteur de transcription rédox-sensible Nrf_2 joue un rôle important dans la synthèse de divers antioxydants responsables de la protection contre la cytotoxicité cellulaire causée par le stress oxydatif (ISHII *et al.*, 2000). Cette synthèse des antioxydants résulte principalement de l'activité transcriptionnelle obtenue par l'intermédiaire de ce facteur Nrf_2 impliquée dans l'interaction avec l'élément de réponse antioxydant (ARE) (KONG et *al.*, 2001).

L'augmentation de l'activité des enzymes antioxydantes peut être expliquée par le besoin de l'organisme de produire des ions superoxydes qui stimulent l'activité de la SOD qui, en dismutant le $O_2{}^{\cdot}$, produit le H_2O_2 qui stimule à son tour l'activité de la catalase et de la GPX.

La récupération de ces activités enzymatiques par la mauve explique le fait que l'organisme a consommé les enzymes antioxydantes nécessaires pour la protection contre l'effet cytotoxique du vanadium.

CONCLUSION

- L'administration du vanadium a entraîné une augmentation de l'activité de la catalase,

de la SOD ainsi que de la GSH-PX au cours du $30^{\text{ème}}$ jour de traitement suivi d'un établissement d'un état d'équilibre et ceci au niveau du foie et des reins.

Au niveau des testicules, aucune variation statistiquement significative de l'activité de ces 3 enzymes n'a été observée durant toute la période de traitement.

- Les rats ayant ingéré la mauve sauvage mélangée ou non avec le vanadium ont montré une activité enzymatique de la catalase, de la SOD et de la GSH-PX similaire à celle des rats témoins.

L'activité des enzymes antioxydantes augmente avec le besoin de l'organisme de se protéger contre les agents oxydants en particulier le vanadium. La récupération de cette activité est expliquée par le fait que l'organisme a consommé toutes les enzymes nécessaires pour sa protection contre les dégâts provoqués par ce métal, autrement dit on peut parler d'épuisement du capital antioxydant.

Cette hypothèse doit être vérifiée par des recherches ultérieures.

Conclusion générale

Afin d'étudier les effets cytotoxiques du vanadium comme étant agent stressant et l'impact des composés phénoliques de la mauve contre ces effets, nous nous sommes intéressés à réaliser le travail suivant : il s'agit d'une étude expérimentale réalisée chez des rats mâles blancs de souche « Wistar » en période de croissance. Ces animaux reçoivent soit l'eau de robinet (T), soit une eau de boisson riche en métavanadate d'ammonium (V), soit une décoction de la mauve (M), soit du métavanadate mélangé avec la mauve (M+V). Des études « in vitro » et « in vivo » ont été réalisées afin d'évaluer l'activité antiradicalaire et antioxydante « in vitro » de la mauve, la croissance corporelle, l'exploration de certains biomarqueurs physiologiques de la toxicité et l'exploration du statut antioxydant « in vivo ».

Concernant l'étude « in vitro »

✧ La mauve possède une activité antiradicalaire capable de piéger les radicaux hydroxyles à une concentration de 0,68 g de la plante aérienne sèche/litre en partant d'une solution mère de 1 g de plante aérienne sèche/litre.

✧ Elle possède aussi une activité antioxydante qui inhibe l'anion superoxyde O_2- avec un pourcentage d'inhibition de 49,37 %.

Concernant l'étude « in vivo »

✧ *Concernant la croissance corporelle, les résultats montrent que :*

▪ L'administration du vanadium, par voie orale, induit chez les rats mâles une diminution du poids corporel en fonction de l'age au début du traitement. Cette diminution a provoqué une mortalité de 26 % au cours des 4 premiers jours et un phénomène de diarrhée chez 45 % de la population traitée ce qui témoigne de l'effet cytotoxique de ce métal.

- Une récupération du poids corporel observée après 15 jours de traitement peut être expliquée par l'intervention des systèmes de régulation qui adaptent l'organisme et améliorent la croissance.

- Chez les rats recevant la mauve dans l'eau de boisson, la croissance semble être comparable à celle des témoins.

- Malheureusement, chez les rats buvant la mauve associée avec le vanadium, aucune amélioration de l'état des rats recevant le vanadium seul n'a été observée. On note seulement l'absence de mortalité et du phénomène de diarrhée.

- L'absence du phénomène de diarrhée chez les rats recevant la mauve+vanadium peut être expliquée par l'effet gastroprotecteur des flavonoïdes, contenus dans cette plante.

❖ *Concernant l'exploration de certains biomarqueurs physiologiques de la toxicité, nos résultats montrent :*

L'exposition chronique au vanadium a entraîné :

- Une diminution du taux des protéines lors du premier mois au niveau du foie et pendant le premier et le deuxième mois de traitement au niveau des testicules.

Cependant, aucune variation statistiquement significative de ce paramètre n'est observée au niveau des reins.

- Une augmentation de la péroxydation lipidique :
  - ✓ Durant les 60 premiers jours du traitement au niveau du foie ;
  - ✓ Au cours des deux derniers mois au niveau des reins. ;

✓ Pendant le premier mois au niveau des testicules.

▪ Une altération structurale de la zone corticale des reins avec réduction des chambres urinaires.

▪ Une altération structurale des tubes séminifères des testicules avec blocage de la spermatogenèse.

Toutefois, on note une amélioration des paramètres histologiques rénaux et sexuels après le 30ème jour du traitement.

▪ Une stabilité du taux de la créatinine sérique durant toute la période de traitement.

▪ Une stabilité du taux de la testostérone sérique durant la période de traitement.

En présence de la mauve, les effets du vanadium déjà signalés sont presque absents.

On peut dire que la mauve sauvage se manifeste comme bénéfique grâce à son pouvoir protecteur contre les effets cytotoxiques du vanadium.

Cette hypothèse doit être étudiée d'avantage par des recherches plus poussées.

✧ *Concernant l'exploration du statut antioxydant, nos résultats montrent :*

▪ L'administration du vanadium a entraîné une augmentation de l'activité de la catalase, de la SOD ainsi que de la GSH-PX au cours du 30ème jour de traitement suivie d'un établissement d'un état d'équilibre et ceci au niveau du foie et des reins.

Au niveau des testicules, aucune variation statistiquement significative de l'activité de ces trois enzymes n'a été observée durant toute la période de traitement.

- Les rats ayant ingéré la mauve sauvage mélangée ou non avec le vanadium ont montré une activité enzymatique de la catalase, de la SOD et de la GSH-PX similaire à celle des rats témoins.

- L'activité des enzymes antioxydantes augmente avec le besoin de l'organisme de se protéger contre les agents oxydants en particulier le vanadium. La récupération de cette activité est expliquée par le fait que l'organisme a consommé toutes les enzymes nécessaires pour sa protection contre les dégâts provoqués par ce métal, autrement dit on peut parler d'épuisement du capital antioxydant.

Cette hypothèse doit être vérifiée par des recherches ultérieures.

En perspectives, nous envisageons de :

➤ Etudier l'effet de l'infusion de la partie aérienne sèche de la mauve dans le cas d'une induction de diabète ;

➤ Tester les activités anti-inflammatoires « in vitro » et « in vivo » de cette plante ;

➤ Etudier l'action d'huile essentielle de cette plante « in vitro » et « in vivo » ;

➤ Fractionner et purifier la décoction de la mauve dans le but d'isoler la ou les molécules responsables des activités anti-inflammatoire, antiradicalaire et antioxydante ;

Références Bibliographiques

AEBI. H, 1974: in: H.U. Bergmeyer (Ed). Methods of Enzymatic Analysis. *Academic Press, NY.* 2: 673–84.

ALEXANDROVA. A, KIRKOVA. M, RUSSANOV. E, 1998: In vitro effects of alloxan vanadium combination on lipid peroxidation and antioxidant enzyme activity. *Gen. Pharmacol.* 31: 489–493.

ALAM. MS, KAUR. G, JABBAR. Z, JAVED. K, ATHAR. M, 2006: Eruca sativa seeds possess antioxidant activity and exert a protective effect on mercuric chloride induced renal toxicity. *Food and Chemical Toxicology.* 45: 910–920.

ALLEVA. R, TOMASETTI. M, BOMPADRE. S AND LITTARU. P, 1997: Oxidation of LDL and their subfractions : kinetic aspects and COQ10 content. *Mol Aspects Med* .18: 105-112.

AMAR. KC, RITUPARNA. G, APARAJITA. C, MAHITOSH. S, 2007: Effects of vanadate on male rat reproductive tract histology,oxidative stress markers and androgenic enzyme activities. *Journal of Inorganic Biochemistry.* 101:944–956

ANKE. M, 2004: Friedrich Schiller University, Institue of Nutrition and Environnement, Jena, D-07743, Allemagne.

ANTON. R, WICHTL. M, 2003: Plantes thérapeutiques. Tradition, pratique officinale, science et thérapeutique. *Éd. Tec et Doc et EMI.* 200-202: 315-317.

ASADA. K, TAKAHASHI. M ET NAGATE. M, 1974: Assay and inhibitors of spinach superoxide dismutase. *Agric. Boil. Chem.*38: 471-473.

AURELIANO. M, GANDARA. R, 2005: Decavanadate effects in biological systems. *Journal of Inorganic Biochemistry* .99: 979–985.

AURELIANO. M, JOAQUIM. N, SOUSA. A, MARTINS. H, COUCELO. JM, 2002: Oxidative stress in toadfish (Halobactrachus didactylus) cardiac muscle. Acute exposure to vanadate oligomers. *Journal of Inorganic Biochemistry*. 90:159–165.

AYDOGAN. M, BARLAS. N, 2006: Effects of maternal 4-tert-octylphenol exposure on the reproductive tract of male rats at adulthood. *Reprod. Toxicol.* 22: 455–460.

BADMAEV. V, PRASKASH. S AND MAJEED. M, 1999: Vanadium: a review of its potential role in the fight against diabetes. *Journal of Alternative and Complementary Mdecine (NY)*. 5: 273-291.

BARCELOUX. DG, 1999: Vanadium. *Journal of Toxicologiy, Clinical Toxicology*. 37: 265-278.

BARTSCH. H, NAIR. J, 2000: *Toxicology*.153; 05–114.

BASTARACHE. EMD, 2002 : médecin du travail et de l'environnement, Auteur de « Substitutions de matériaux céramiques complexes ».

BENDINI. A, CERRETANI. L, PIZZOLANTE. L, TOSCHI. TG, GUZZO. F, CEOLDO. S, 2006: Phenol content related to antioxidant and antimicrobial activities of Passiflora spp. extracts. *European Food Research and Technology*. 223: 102–109.

BILLETER. M, MEIER. B AND STICHER. O, 1991: 8-Hydroxyflavonoid Glucuronides from Malva sylvestris: *Phyfochemistry*. 30, No: 987-990.

BLALOCK. TK et HILL. CH, 1988: Studies on the role of iron in the reversal of vanadium toxicity in chics. *Biological Trace Element Research*.14: 225-235.

BLOTCKY. AJ, DUCKWORTH. WC, HAMEL. FG AND RACK. EP, 1994: Vanadium. In: *Handbook on Metals in Clinical and Analytical Chemistry.* 11: 651-663.

BODZSÁR. ÉB, ZSÁKAI. A, SUSANNE. CH, 2004 : Mode de croissance du poids et de la taille de jumeaux de la naissance à l'âge de 10 ans. *Antropo.* 7: 223-232.

BOLLAND et GEE, 1946: Trans. Farad.Soc. 42: 236. Bolland, Proc. Roy. Soc, A. 186, 218; Trans. Farad. Soc. 44, 669; Quart. Rev. Chem. Soc., 3, 1.

BONNEFONT-ROUSSELOT. D, THÉROND. P, DELATTRE. J, DURAND. G ET JARDILLIER. JC, 2003: Radicaux libres et anti-oxydants. In : *Biochimie pathologique: aspects moléculaires et cellulaires* : 59-81. Médecine-sciences Flammarion Paris.

BOREK. C, 1997: Antioxidants and cancer. *Science & Médecine.* 52: 60. Nov/Dec 1997.

BRUNO. AS, JOAO. OM, ALBERTO. CP, 2008: St. John's Wort (Hypericum perforatum) extracts and isolated phenolic compounds are effective antioxidants in several in vitro models of oxidative stress. *Food Chemistry.* 110 (2008) 611–619.

BUEGE. JA et AUST. SD: 1978:*Methods Enzymol.* 52: 302–310.

BUGNON. F, 1998: nouvelle flore de Bourgogne, bulletin scientifique de Bourgogne, édition hors série.

CADENAS. E et DAVIES. JA, 2000: Espèces réactives de l'oxygènes.*Free Radic. Biol. Med.* 29.p: 222.

CAPEK. P, KARDOSOVA. A et LATH. D, 1999: *Chem.Pap.*53: 131-136.C.A.131, 211566.

CLASSEN. B, AMELUNXEN. F et BLASCHEK. W, 1998: *Sci.Pharm*.66, 363-380.

CORTIZO. AM, BRUZZONE. L, MOLINUEVO. S, ETCHEVERRY. SB, 2000: A possible role of oxidative stress in the vanadium-induced cytotoxicity in the MC3T3E1 osteoblast and UMR106 osteosarcoma cell lines. *Toxicology*. 147:89–99.

COUTINHO. EM, 2002: Gossypol: a contraceptive for men. *Contraception*. 65: 259-263.

D'Cruz. OD, Ghosh. F, Uckum. M, 1998: *Biol. Reprod*. 58: 1515–1526.

DAVIES. MJ, 1999: Stable markers of oxidant damage to proteins and their application in the study of human disease. *Free Rad Biol Med* .27:1151-1163, 1999.

DE CASSIA DA SILVEIRA. ER, NARCISO LEITE. M, DE MOURA REPOREDO. M, NOBREGA DE ALMEIDA. R, 2002: Evaluation of long term exposure to Mikania glomerata (Sprengel) extract on male Wistar rats' reproductive organs, sperm production and testosterone level. *Contraception*. 67: 327–331.

DE LA TORRE. A, GRANERO. S, MAYAYO. E, CORBELLA. J, DOMINGO. JL, 1998: Effect of age on vanadium nephrotoxicity in rats. *Toxicology Letters*. 105: 75–82.

DEBUIGNE. G, COUPLAN. F, 2006: Petit Larousse des plantes qui guérissent, Larousse: 383-385, 615-617.

DEHGHANI. GA, MANSOORZADEH. S, OMRANI. GH, TABEEI. SZ, IRAN. J, 2002 : *Med. Sci*. 27:95–96.

DOMINGO. JL, 1996: Vanadium: a review of the reproductive and developmental toxicity. *Reproductive Toxicology Review*. 10:175-182.

EDMOND. R, 2003 : INRA-CRNH, Unité des maladies Métaboliques et Micronutriments 63122 St Genès Champanelle.

EL-SOHEMY. A, BAYLIN. A, SPIEGELMAN. D, ASCHERIO. A ET CAMPOS. H, 2002: Dietary and adipose tissue gamma-tocopherol and risk of myocardial infarction. *Epidemiology.* 13:216-23.

ERNSTER. L et DALINER. G, 1995: Biochemical, physiological and medical aspects of ubiquinone function. *BBA.*1271:195-204.

ESTERBRUER. H, 1993: Estimation of peroxidatif domage. *Med.* 17: 80-91.

ETCHEVERY. SB AND CORTIZO. AM, 1998: Bioactivity of vanadium compounds on cells in culture. 359-394. In: *NRIAGU JO, ed. Vanadium in the Environnement. Part 1: Chemistry and Biochemistry.* New York, NY, John Wiley et Sons, 410 p.

EVANGELOU. AM, 2002: Vanadium in cancer treatment. *Critical Reviews in Oncology-Hematology.* 42: 249-265.

FAVIER. A, 1997: Le stress oxydant. Intérêt de sa mise en évidence en biologie médicale et problèmes posés par le choix du marqueur. *Ann. Biol. Clin.* 55 :9–16.

FAWCETT. JP, FARQUHAR. SJ, THOU. T, SHAND. BI, 1997: *Pharmacol.Toxicol.* 80: 202–206.

FLOHE. L et GUNZLER, 1984: Assays af glutathion peroxidase. *Methods Enzymol.* 105: 114-121.

GABE. E, 1986: Techniques histologiques. Eds, *Masson et Cie.*p241.

GENET. S, KALE. RK, BAQUER. NZ, 2002: Alterations in antioxidant enzymes and oxidative damage in experimental diabetic rat tissues: effect of vanadate and Trigonella (Trigonella foenum graecum). *Mol Cell Biochem* .236: 7–12.

GEY. KF, BRUBACHER. GB et STÂHELIN. HB, 1987: Plasma levels of antioxidant vitamins in relation to ischemic heart disease and cancer. *Am J Clin Nutr*. 45:1368-1377.

GLADINE. C, MORAND. C, ROCK. E, BAUCHART. D, DURAND. D, 2006: Plant extracts rich in polyphenols (PERP) are efficient antioxidants to prevent lipoperoxidation in plasma lipids from animals fed n−3 PUFA supplemented diets.

GOC. A, 2006: Effects of vanadate on male rat reproductive tract histology, oxidative stress markers and androgenic enzyme activities. *Cent. Eur. J. Biol.* 1: 314–332.

GOLDWASSER. I, GEFEL. D, GERSHONOV. E, FRIDKIN. M et SCHECKTER. Y, 2000: Insulin-like effects of vanadium. Basic and clinical implication. *Journal of Inorganic Biochemistry*. 80: 21-25.

GORDANA CETKOVIC,JASNA CANADANOVIC-BRUNET, SONJA DJILAS, SLADJANA SAVATOVIC´,ANAMARIJA MANDIC´ET VESNA TUMBAS,2007: Assessment of polyphenolic content and in vitroantiradical characteristics of apple pomace. *Food Chemistry*. 109: 340–347.

GRANITO. M, PAOLINI. M, PEREZ. S, 2007: Polyphenols and antioxidant capacity of Phaseolus vulgaris stored underextreme conditions and processed. *LWT* .41: 994–999.

GRIENDLING. KK, SORESCU. D et USHIO-FUKAI. M, 2000: *Circ Res*.86. p: 494.

HALLIWELL. B et GUTTERIDGE. JMC, 1999: Role of free radicals and catalytic metals ions in human disease: an overview. In Methods in Enzymology. *Academic Press, San Diego.* 186: 1-85.

HAMADA. T, 1998: High vanadium content in Mt. Fuji Groundwater and its relevance to the Ancient Biosphere.97-123. IN: NRIAGU JO, ed. *Vanadium in the Environnement. Part 1: Chemistry and Biochemistry.* New York, NY, John Wiley et Sons, 410 p.

HARVEY. S, MARTIN. BT, BAUDET. ML, DAVIS. P, SAUVE. Y, SANDERS. EJ, 2007: Growth hormone in the visual system: Comparative endocrinology. *General and Comparative Endocrinology.* 153: 124–131.

HAYES. JD, FLANAGAN. JU, 2005: Jowsey. IR. Glutathione transferases. *Annu Rev Pharmacol Toxicol.*45:51–88.

HEYLIGER. CE, TAHILIANI. AG et MC NEILL. JH, 1985: Effect of vanadate on elevated blood glucose and depressed cardiac performance of diabetic rats. *Science.* 227: 1474-1477.

HILL. CH, 1994: Interaction of vanadium and phosphorus in chics. *Biological Trace Element Research,* 46:269-278.

HOPE. BK, 1994: A global geochemical budget for vanadium to flagfish. *Water Research.* 13: 905-910.

IIOU. WC, HSU. FL et LEE. MH; 2002: Yam tuber mucilage exhibited antioxydant activity in vitro. *Planta. Med.* 68, 1072-76.

HYE-KYUNG. NA, YOUNG-JOON. S, 2007: Modulation of Nrf2-mediated antioxidant and detoxifying enzyme induction by the green tea polyphenol EGCG. *Food and Chemical Toxicology.* 46:1271–1278.

IREN. P, CARLES. C, CHRISTOS. P et PANAGIOTIS. K, 2000: Evaluation of scavenging activity assessed by Co (II)/EDTA-induced luminal chemiluminescence and DPPH (2,2-diphenyl-L-picrylhydrazyl), free radical assay. *Journal of Pharmacological and Toxical. Methods. Planta. Med.* 5: 395-98.

ISHII. T, ITOH. K, TAKAHASHI. S, SATO. H, YANAGAWA. T, KATOH. Y, BANNAI. S, YAMAMOTO. M, 2000: Transcription factor Nrf2 coordinately regulates a group of oxidative stress-inducible genes in macrophages. *Journal of Biological Chemistry.*275: 16023–16029.

JONES. DP, MODY. VC, CARLSON. JL, 2002: Redox analysis oh human plasma allows separation of pro-oxidant events of aging from decline in antioxidant defenses. *Free Rad Biol Med.* 33:1290-1300.

KANAKIS. CD, TARANTILIS. PA, POLISSIOU. MG, DIAMANTOGLOU. S, TAJMIR-RIAHI. HA, 2006: Antioxidant flavonoids bind human serum albumin. *Journal of Molecular Structure.* 798:69–74.

KAUR. C et KAPOOR. HC, 2001: Antioxidants in fruits and vegetables – millennium's health. *International Journal of Food Science and Technology.*36: 703–725.

KERKENI. A, 2002: Radicaux libres, systèmes antioxydants, stress oxidant et pathologies oxydatives. 3ème colloque international « Elements trace, minéraux et vitamines : nouveaux aspects fonctionnels et cliniques chez l'homme ». Monastir. Tunisie. P 27-28.

KHAN. N et SULTANA. S, 2004: oxidative stress and subsequent cell proliferation response by soy isoflavones in Wistar rats. *Toxicology* .201:173– 84.

KOLEVA. I, VAN BEEK. TA, LINSSN. JP, DE GROOT. A et EVSTATIEVA. LN, 2003: Screening of plant extracts of antioxydant activity: A compare study on three testing methods. *Phytochem. Anal.* 13: 8-17.

KONG. AN, OWUOR. E, YU. R, HEBBAR, V, CHEN. C, HU. R, MANDLEKAR. S, 2001: Induction of xenobiotic enzymes by the MAP kinase pathway and the antioxidant or electrophile response element (ARE/EpRE). *Drug Metabolism Reviews* .33:255–271.

LEE. S, SHIN. HT, HWANG. HJ ET KIM. JH, 2003: Antioxidant activity of extracts from Alpina kastumadai seed. *Phytother. Res.*17:1041-47.

LINO. T, NAKAHARA. K, MIKI. W, KISO. Y, OGAWA. Y, KATO. S, TAKEUCHI. K, 2001: Less damaging effect of whisky in rat stomachs in comparison withpure ethanol. Role of ellagic acid, the nonalcoholic component. *Digestion.*64 : 214-221.

LISON. L, 1958 : Statistique appliquée à la biologie expérimentale. La planification de l'expérience et l'analyse des résultats. *Ed : Gauthier Vilars (Paris).*

LIU. RH, 2002: Health benefits of dietary flavonoids: Flavonols andflavones. *New York Fruit Quarterly.* 10: 21–23.

LIU. RH, 2004: Potential synergy of phytochemicals in cancer prevention: Mechanism of action. *Journal of Nutrition.*134: 3479–3485.

LOWRY. OII, ROSENBROUGH. HG et RANDALI. R, 1951: Protein measurment with the folin phenol reagent.*J.Biol. Chem.*193: 265-171.

MACKEY. EA, BECKER. PR, DEMIRALP. R, GREENBERG. RR, KOSTER. BJ AND WISE .SA, 1996: Bioaccumulation of vanadium and other trace metals in livers of Alaskan cetaceans and pinnipeds. *Archives of Environnemental Contamination and Toxicology.* 30: 503-512.

MAMANE. Y et PIRRONE. N, 1998: Vanadium in the atmosphere.25-71. *IN: NRIAGU JO, ed. Vanadium in the Environnement. Part 1: Chemistry and Biochemistry. New York, NY, John Wiley et Sons.* 410 p.

MASELLAT. R, DI BENEDETTO. R, VARI. R, FILESI. C, GIOVANNINI. C, 2005: Novel mechanisms of natural antioxidant compounds in biological systems: involvement of glutathione and glutathione-related enzymes. *Journal of Nutritional Biochemistry.*16: 577–586.

MATES. JM, PEREZ-GOMEZ. C,1999: I.N. De Castro. *Clin. Biochem.* 32: 595–603.

MIRAMAND. P et FOWLER. SW, 1998: Bioaccumulation and transfert ofi vanadium in marine organisms.167-197. *IN: NRIAGU JO, ed. Vanadium in the Environnement. Part 1: Chemistry and Biochemistry.* New York, NY, John Wiley et Sons, 410 p.

MORGAN. A.M, 2003: Effects of vanadate on male rat reproductive tract histology, oxidative stress markers and androgenic enzyme activities. *El-Tawil, Pharmacol. Res.* 47: 75–85.

MUNEVVER. S, MARIA. A, EKATERINA. K, SVETLANA. P, STEFKA. I, ATALAY. S, JULIA. S, 2004: In vitro antioxidant activity of polyphenol extracts with antiviralproperties from Geranium sanguineum L. *Life Sciences.* 76: 2981–2993.

NECHAY. BR, NANNINGA. LB et NECHAY. PSE, 1986: Vanadyl(IV) and Vanadate (V) binding to selected endogenous phosphate, carboxyl and amino ligands; calculations of cellular vanadium species distribution. *Archives of Biochimistry and Biophysics.* 251: 128-138.

NRIAGU. JO et PIRRONE. N, 1998: Emission of vanadium into the atmosphere. 25-36. *IN: NRIAGU JO, ed. Vanadium in the Environnement.*

Part 1: Chemistry and Biochemistry. New York, NY, John Wiley et Sons, 410 p.

NRIAGU. JO, 1998: History occurrence and uses of vanadium. 1-24. *IN: NRIAGU JO, ed. Vanadium in the Environnement. Part 1: Chemistry and Biochemistry.* New York, NY, John Wiley et Sons, 410 p.

PARSADANIAN. HK, MAECHENKO. SN, PARSADANIAN. KH AND BARILYAK. IR, 1998: Vanadium as a factor that disturbs phosphorus metabolism in nervous tissue. *Neurotoxicology.* 19: 561-564.

PATERNAIN. JL, DOMINGO. JL, GOMEZ. M, ORTEGA. A AND CORBELLA. J, 1990: Developmental toxicity of vanadium in mice after oral administration. *Journal of Applied Toxicology.* 10: 181-186.

PI-JEN. T, SHIAU-CHI. WU, YU-KUEI. C, 2007: Role of polyphenols in antioxidant capacity of napiergrass from different growing seasons. *Food Chemistry.* 106: 27–32;

PINCEMAIL. J, 1999: Directeur Scientifique PROBIOX SA – Université de Liège, Tour de Pathologie 2ème étage Sart Tilman 4000 Liège, Belgique.

PINCEMAIL. J, LECOMTE. J, CASTIAU. JP, 2000: Evaluation of autoantibodies against oxidized LDL and antioxidant status in top soccer and basketball players after 4 months of competition. *Free Rad Biol Med* .28: 559-565.

PRYOR. JL, HUGHES. C, FOSTER. W, HALES. BF, ROBAIRE. B, 2000 : Critical windows of exposure for children's health: the reproductive system in animals and humans.*Environ. Health Perspect.* 108: 491–503.

RADLOFF. M, DELLING. M, GERCKEN. G, 1998: Protein phosphorylation in alveolar macrophages afterstimulation with heavy metal-coated silica particles: *Toxicology Letters* .96,97: 69–75.

RAMADE. F, 1992: Précis d'écotoxicologie. *Ed. Masson*. 300p.

REDHER. D et JANTZEN. S, 1998: Structure, function and models of biogenic vanadium compounds.251-284.*In:NRIAGU JO, ed. Vanadium in the Environnement. Part 1: Chemistry and Biochemistry*. New York, NY, John Wiley et Sons, 410 p.

RICE-EVANS. C, 2001: Flavonoid antioxidants. *Current Medicinal Chemistry*. 8: 797–807.

RISSANEN. TH, VOUTILAINEN. S, NYYSSONEN. K, SALONEN. R, KAPLAN. GA ET SALONEN. JT, 2003: Serum lycopene concentrations and carotid atherosclerosis: the Kuopio Ischaemic Heart Disease Risk Factor Study. *Am J Clin Nutr*. 77:133-8.

RODRIGO. R, CASTILLO. R, CARRASCO. R, HUERTA. P, MORENO. M, 2005: Diminution of tissue lipid peroxidation in rats is related to the in vitro antioxidant capacity of wine. *Life Sci*. 76: 889– 900.

ROMBI. M, 1998: 100 plantes médicinales: composition, mode d'action et intéret thérapeutique. Deuxième edition.

ROSANNA. P, ROSSANA. A, ALFIO. B, CLAUDIO. F et AUGUSTA. B, 2000 : Behavioral and developmental outcomes of prenatal andpostnatal vanadium exposure in the rat. *Pharmacological Research*. 43 :4.

ROUX. N, CHIFFOLEAU. JF ET CLAISSE. D, 2001: L'argent et le cobalt, le nickel et le vanadium dans les mollusques du littoral français. *Bulletin RNO 2001, surveillance du milieu marin, travaux du réseau National d'Observation de la qualité du milieu marin, Ifremer, nantes* . 11-23.

SAEKI. K, NAKAJIMA. M, NODA. K, LOUGHLIN. TR, BABA. N, KIYOTA. M, TATSUKAWA. R et CALKINS. DG, 1999: Vanadium accumulation in pinnipeds. *Archives of Environnemental Contamination and Toxicology.* 36: 81-86.

SAKTHIVEL. M, ELANCHEZHIAN. R, RAMESH. E, ISAI. M, NELSON JESUDASAN. C, THOMAS. PA, GERALDINE. P, 2007: Prevention of selenite-induced cataractogenesis in Wistar rats by the polyphenol, ellagic acid. *Experimental Eye Research* .86:251-259.

SAMEER. M, ASIA. T, R.N.K. B,SEEMI. FB, NAJMA. ZB,2003 : Lower doses of vanadate in combination with trigonellarestore altered carbohydrate metabolism and antioxidant status in alloxan-diabetic rats. *Clinica Chimica Acta.* 342:105– 114

SANCHEZ. DJ, COLOMINA. MT AND DOMINGO. JL, 1997: Effects of vanadium on activity and learning in rats. *Physiology and Behavior.* 63: 345-350.

SANCHEZ. DJ, COLOMINA. MT, DOMINGO. JL, 1998: Effects of vanadium on activity and learning in rats. *Physiol Behav.* 63: 345–50.

SANTOS. AC, UYEMURA. SA, LOPES. J, BAZON. JN, MINGATTO. FE, CURTI. C, 1997: Effect of naturally occurring flavonoïds on lipid péroxydation and membrane permeability transition in mitochondria. *Free Radical Biology & Medicine.*Vol. 24, No. 9, pp. 1455–1461.

SARKAR. M, NANDANKAR. UA, DUTTABORAH. BK, DAS. S, BHATTACHARYA. M, PRAKASH. BS, 2007: Plasma growth hormone concentrations in female yak (Poephagus grunniens L.) of different ages: Relations with age and body weight. *Livestock Science.* 115: 313–318.

SCHWARTZ, 1963 : Méthodes statistiques à l'usge des médecins et des biologists.

SCIBIOR. A, ZAPOROWSKAA. H, OSTROWSKI. J, BANACH. A, 2005: Combined effect of vanadium (V) and chromium (III) on lipidperoxidation in liver and kidney of rats. *Chemico-Biological Interactions* .159 :213–222.

SHARMA. PR, FLORA. SJ, DROWN. DB and OBERG. SG, 1987: Persistence of vanadium compounds in lungs after intratracheal instillation in rats. *Toxicology and Industrial Health*. 3: 321-329.

SIMONYI. A, WANG. Q, MILLER. RL, YUSOF. M, SHELAT. PB, SUN. AY , 2005: Polyphenols in cerebral ischemia: Novel targets for neuroprotection. *Molecular Neurobiology*. 31 : 135–147.

SOARES. SS, MARTINS. H, DUARTE. RO, MOURA. JJG, COUCELO. J, GUTIERREZ-MERINO. C, AURELIANO. M, 2006: Vanadium distribution, lipid peroxidation and oxidative stress markers upon decavanadate in vivo administration. *Journal of Inorganic Biochemistry*. 101; 80–88.

SOUSSA. A, 2005: Apports nutritionnels conseillés pour la population Française, Agence Française de Sécurité Sanitaire des Aliments, 3ème edition, ED. Tec et Doc.

SOUSSI. A, CROUTE. F, SOLEILHAVOUP. J.P, KAMMOUN. A, EL FEKI. A, 2006 : Impact du thé vert sur l'effet oxydatif du métavanadate d'ammonium chez le rat male pubère. *C. R. Biologies*. 329: 775–784.

STEAFAN. IL et FRIDOVICHI. I, 1995: Superoxide from glucose oxidase or from Nitoblue Tetrazolium. *Archives of Biochemistry and Biophysics*. 318: 408-10.

SUZGEC. S, MERIC LI. AH, HOUGHTON. PJ, et CUBUKC. UB, 2005: Flavonoids of Helichrysum compactum and their antioxidant andantibacterial activity. *Fitoterapia*. 76: 269–272.

TEDESCO. I, RUSSO. M, RUSSO. P, LACOMINO. GG, RUSSO. GL, CARRASTURO. A, FARUOLO. C, MOJO. L, PALUMBO. R, 2001:

Antioxidanteffect of red wine polyphenols on red blood cells. *Journal ofNutritional Biochemistry* .11: 114–119.

THÉROND. P et DENIS. B, 2005 : Cibles lipidiques des radicaux libres dérivés de l'oxygène et de l'azote: effets biologiques des produits d'oxydation du cholestérol et des phospholipides. *In : Radicaux libres et stress oxydant :aspects biologiques et pathologiques*. 114-167. Lavoisier édition TEC & DOC éditions médicales internationales, Paris.

THOMPSON. KH, 2004: Orvig, Met. *Ions. Biol. Syst.* 41:221–225.

TOSHIHIRO. Y , YASUTAKA. Y, 2007: Repeated immobilization stress in the early postnatal period increases stressresponse in adult rats. *Physiology & Behavior*. 93: 322–326.

TSIANI. E et FANTUS. IG, 1997: Vanadium compounds. Biological actions andpotential as pharmacological agents. *Trends in Endocrinology and Metabolism*. 8: 51-58.

VALKO. M, RHODES. CJ, MONCOL. J, IZAKOVIC. M, MAZUR. M, 2006: Chem.Biol. *Interact*. 160: 1–40.

VAYA. J, MAHMOOD. S, GOLDBLUM. A, AVIRAM. M, VOLKOVA. N, SHAALAN. A, 2003: Inhibition of LDL oxidation by flavonoids inrelation to their structure and calculated enthalpy. *Phytochemistry*. 62: 89–99.

VITOR. RF, MOTA-FILIPE. H, TEIXEIRA. G, BORGES. C, RODRIGUES. AI, TEIXEIRA. A et PAULO. A, 2004: Flavonoids of an extract of Pterospartum tridentatum showing endothelial protection against oxidative injury. *Journal of Ethnopharmacology*. 93: 363–370.

WEVER. R et HEMRIKA. W, 1998: Vanadium in enzymes. 285-305.*In: NRIAGU JO, ed. Vanadium in the Environnement. Part 1: Chemistry and Biochemistry*. New York, NY, John Wiley et Sons, 410 p.

WOODMAN. OL et CHAN. ECH, 2004: Vascular and anti-oxidant actions of flavonols and flavones. *Clinical and Experimental Pharmacology& Physiology.* 31: 786–790.

YAGI. A, KABASH. A, OKAMURA. NO, HARAGUCHI. H, MOUSTAFA. SM et KHALIFA. TI, 2002: Antioxidant, free radical scavenging and anti-inflammatory effects of aloesin derivatives in Aloe vera. *Planta. Med.* 68: 57-60.

YING. P, LING-DONG. K , YU-CHENG. L, XING. X, HSIANG-FU. K, FU-XING. J,2007: Icariin from Epimedium brevicornum attenuates chronic mild stress-induced behavioral and neuroendocrinological alterations in male Wistar rats. *Pharmacology, Biochemistry and Behavior.* 87 : 130–140

ZAWISLAK. R, 1991 : Le vanadium.11 : 593-607 .*In : Les oligo-éléments en médecine et biologie, Ed.Tec & Doc Lavoisier.* 653p.

ZAZIE, 2004 : écrivain public amoureuse des plantes. Suissesse née un jour de Pâque au milieu du siècle passé.

ZELKO. IN, MARIAN. TJ et FOLZ. RJ, 2002: Superoxide dismutase multigene family: a comparison of the CuZn-SOD (SOD1), Mn-SOD (SOD2), and EC-SOD (SOD3) gene structures, evolution, and expression. *Free Rad Biol Med.* 33: 337-349.

Annexe

♠ REACTIFS ET SOLUTIONS

➢ *Solution 1 : Bouin alcoolique*

- Formol	6 ml
- Acide acétique	7 ml
- Solution à 1% d'acide picrique dans l'alcool 95°	45 ml
- H$_2$O distillée	22 ml

➢ *Solution 2 : Préparation des extraits cytosoliques*

TBS :

- Tris : 50 mM   (pH=7.4)

- NaCl : 150mM

➢ *Solution 3 : Dosage des TBARS*

- **TCA-BHT :**
  - TCA :   20% (p/v)
  - BHT: 1% (p/v)

- **Tris-TBA :**
  - Tris :   26 mM
  - TBA :   120mM

➢ *Solution 4 : Dosage de la créatinine sérique*

- **Réactif 1:** Hydroxyde de sodium   1, 6 mol/l
- **Réactif 2:** Acide picrique   17, 5 mmol/l
- **Réactif 3:** Créatinine   2 mg/dl
- **Standard:**   20 mg/l

176, 8 µmol/l

➤ *Solution 5 : Dosage de la testostérone sérique*

1- Traceur testostérone marqué à l'iode 125 (1 flacon de 55 ml). Le flacon contient 185 KBQ de testostérone marquée sous forme liquide avec la gélatine, l'acide de sodium (< 0,1%) et un colorant rouge.

2- Tubes revêtus d'anticorps anti-testostérone.

3- Flacons « standards » contiennent des concentrations de testostérone permettant une gamme d'étalonnage de 0 à 20 ng/ml (0 à 69 ml) en sérum humain contenant de l'acide de sodium.

➤ *Solution 6 : Mesure de l'activité SOD*

- **EDTA- Met:**

    - Na_2-EDTA: 372.4 mM

    - L-méthionine: 149.2 mM

- **Tampon PO_4 :** pH = 7.8

    - Na_2HPO_4 12 H_2O: 358.14 mM

    - NaH_2PO_4 12 H_2O: 156.01 mM

- **NBT** (Nitroblue Tétrazolium):   817.6 mM

- **Riboflavlne:**   376.4 mM

➤ *Solution 7 : Mesure de l'activité GSH-Px*

- GSH réduit: 0.1 mM

- Tampon d'extraction ($KNaHPO_4$) : pH = 7.8 ;   50mM

- H_2O_2 :   1.3M

- TCA   1%

- Na$_2$HPO$_4$:   320 mM

- DTNB: 1mM

➤ *Solution 8* : *Alcool 70°*
  - 39 ml d'eau distillé + 100 ml d'alcool 95°

  - Ou bien : 48 ml d'eau distillé + 100 ml d'alcool 100°

➤ *Solution 9: Alcool 95°*
  - 6 ml d'eau distillé + 100 ml d'alcool 100°

➤ *Solution 10 : Butyl paraffine*
  - 1 volume de butanol

  - 1 volume de paraffine filtrée à l'étuve

Cette solution est conservée à 58- 60° C pour assurer l'inclusion des echantillons

➤ *Solution 11 : Paraffine*
  - 100g de paraffine en pastille

  - 5,5g de cire d'abeille

➤ *Solution 12 : Albumine glycérinée*

C'est un mélange d'un volume de blanc d'œuf, un volume de la glycérine et quelques grains de thymol. Le tout est filtré sur le coton hydrophile.

➤ *Solution 13: Hématéine aluminique de Harris*
  - 5 g d'hématoxyline (Merck)

  - 50 ml d'éthanol absolu

  - 100 g d'alun de potasse

  - 1 l d'eau distillée

  - 2,5 g d'oxyde mercurique rouge

➤ Solution 14: Solution éosine

- 2 g d'éosine (phyloderm)

- 100 ml d'eau distillée

♠ TABLEAUX

Tableau 1 : Variation du taux des protéines du foie (mg/g d'organe) chez les rats mâles témoins et traités durant 15, 30, 60 et 90 jours

* : p≤ 0.05 par comparaison avec les rats témoins

(…) : nombre de déterminations

	T	V	M	MV
15J	94,95±7,133 (n=5)	67,125±5,257 (n=5) *	86,55±7,216 (n=5)	79,125±6,53 (n=5)
30J	53,25±9,49 (n=5)	17,25±0,89 (n=5) *	55,05±9,988 (n=5)	37,75±4,029 (n=5)
60J	74,28±8,97 (n=5)	70,92±4,013 (n=5)	29,636±13,254 (n=5)	39,346±17,995 (n=5)
90J	65,5±7,389 (n=5)	80,85±1,843 (n=5)	81,9±17,995 (n=5)	83,812±11,964 (n=5)

Tableau2 : Variation du taux des protéines des reins (mg/g d'organe) chez les rats mâles témoins et traités durant 15, 30, 60 et 90 jours

(…) : nombre de déterminations

	T	V	M	MV
15J	46,283±4,197 (n=5)	60,685±6,221 (n=5)	38,822±3,145 (n=5)	59,766±2,084 (n=5)
30J	52,802±5,173 (n=5)	43,895±2,749 (n=5)	43,822±5,25 (n=5)	50,294±7,366 (n=5)
60J	89,07±0,635 (n=5)	85,69±8,74 (n=5)	87,357±5,599 (n=5)	102,626±1,777 (n=5)
90J	84,249±2,013 (n=5)	87,494±3,784 (n=5)	101,861±6,346 (n=5)	99,538±2,131 (n=5)

Tableau3 : Variation du taux des protéines des testicules (mg/g d'organe) chez les rats mâles
témoins et traités durant 15, 30, 60 et 90 jours

* : p≤ 0.05 par comparaison avec les rats témoins

(…) : nombre de déterminations

	T	V	M	MV
15J	43,597±4,51 (n=5)	41,346±1,799 (n=5)	44,032±8,025 (n=5)	52,305±4,369 (n=5)
30J	48,75±7,91 (n=5)	29,408±5,047 (n=5) *	51,06±10,043 (n=5)	48,525±4,977 (n=5)
60J	59,823±3,917 (n=5)	44,929±2,861 (n=5) *	64,262±5,683 (n=5)	66,102±4,656 (n=5)
90J	77,917±2,065 (n=5)	63,302±9,136 (n=5)	73,549±3,428 (n=5)	83,224±4,555 (n=5)

Tableau 4 : Variation du taux des TBARS au niveau du foie (nmol/mg de protéines) chez les
rats mâles témoins et traités durant 15, 30, 60 et 90 jours

* : p≤ 0.05 par comparaison avec les rats témoins

** : p≤0.01 par comparaison avec les rats témoins

(…): nombre de déterminations

	T	V	M	MV
15J	0,113±0,013 (n=5)	0,668±0,103 (n=5) **	0,139±0,016 (n=5)	0,236±0,015 (n=5)
30J	0,08±0,005 (n=5)	0,319±0,006 (n=5) *	0,065±0,007 (n=5)	0,11±0,013 (n=5)
60J	0,297±0,046 (n=5)	0,811±0,045 (n=5) **	0,126±0,04 (n=5)	0,299±0,089 (n=5)
90J	0,28±0,043 (n=5)	0,318±0,025 (n=5)	0,155±0,024 (n=5)	0,292±0,074 (n=5)

Tableau 5 : Variation du taux des TBARS au niveau des reins (nmol/mg de protéines) chez les rats mâles témoins et traités durant 15, 30, 60 et 90 jours

* : $p \leq 0.05$ par comparaison avec les rats témoins

** : $p \leq 0.01$ par comparaison avec les rats témoins

(…): nombre de déterminations

	T	V	M	MV
15J	1,275±0,130 (n=5)	1,617±0,363 (n=5)	0,848±0,299 (n=5)	1,583±0,349 (n=5)
30J	1,406±0,192 (n=5)	3,056±0,124 (n=5) **	1,592±0,440 (n=5)	1,877±0,367 (n=5)
60J	0,847±0,078 (n=5)	1,51±0,103 (n=5) **	0,878±0,105 (n=5)	1,191±0,052 (n=5)
90J	0,911±0,036 (n=5)	1,348±0,023 (n=5) **	0,656±0,030 (n=5)	1,172±0,134 (n=5)

Tableau 6 : Variation du taux des TBARS au niveau des testicules (nmol/mg de protéines) chez les rats mâles témoins et traités 15, 30, 60, et 90 jours de traitement

* : $p \leq 0.05$ par comparaison avec les rats témoins, (…): nombre de déterminations

	T	V	M	MV
15J	0,317±0,019 (n=5)	0,541±0,027 (n=5) *	0,299±0,052 (n=5)	0,445±0,024 (n=5)
30J	0,428±0,035 (n=5)	1,111±0,330 (n=5) *	0,501±0,102 (n=5)	0,783±0,071 (n=5)
60J	0,173±0,028 (n=5)	0,268±0,027 (n=5)	0,175±0,01 (n=5)	0,195±0,042 (n=5)
90J	0,21±0,014 (n=5)	0,293±0,011 (n=5)	0,173±0,008 (n=5)	0,201±0,02 (n=5)

Tableau 7 : Variation du taux de la créatinine sérique (µmol/l) chez les rats mâles témoins et traités durant 15, 30, 60, et 90 jours

(…): nombre de déterminations

	T	V	M	MV
15J	66,844±4,94 (n=5)	39,288±5,671 (n=5)	83,508±4,931 (n=5)	45,836±3,274 (n=5)
30J	75,303±3,274 (n=5)	68,755±5,67 (n=5)	55,659±6,371 (n=5)	73,666±4,911 (n=5)
60J	65,481±42,561 (n=5)	42,561±8,661 (n=5)	62,209±3,272 (n=5)	52,384±8,662 (n=5)
90J	44,199±2,835 (n=5)	49,11±9,822 (n=5)	34,377±4,911 (n=5)	49,11±9,822 (n=5)

Tableau 8 : Variation du taux de la testostérone sérique (nmol/l) chez les rats mâles témoins et traités durant 15, 30, 60 et 90 jours

n=5 : nombre de déterminations

	T	V	M	MV
15J	0,488±0,018 (n=5)	0,508±0,389 (n=5)	0,9±0,58 (n=5)	0,538±0,04 (n=5)
30J	0,507±0,165 (n=5)	0,392±0,146 (n=5)	0,607±0,003 (n=5)	0,567±0,284 (n=5)
60J	0,803±0,164 (n=5)	0,745±0,032 (n=5)	0,826±0,141 (n=5)	0,646±0,518 (n=5)
90J	0,552±0,097 (n=5)	0,517±0,147 (n=5)	0,491±0,003 (n=5)	0,591±0,227 (n=5)

Tableau 9 : Variation de l'activité de la catalase du foie (μmol H_2O_2 hydrolysé/min/mg de protéines) chez les rats mâles témoins et traités 15, 30, 60 et 90 jours

* : $p \leq 0.05$ par comparaison avec les rats témoins

n=5 : nombre de déterminations

	T	V	M	MV
15J	57,322±7,978 (n=5)	71,952±6,868 (n=5)	60,216±7,001 (n=5)	61,529±6,194 (n=5)
30J	51,021±1,238 (n=5)	71,595±9,101 (n=5) *	48,242±5,978 (n=5)	69,723±10,527 (n=5)
60J	55,671±6,460 (n=5)	77,647±2,9 (n=5)	62,426±7,918 (n=5)	68,749±7,722 (n=5)
90J	60,312±12,197 (n=5)	72,393±7,460 (n=5)	64,918±3,603 (n=5)	63,883±5,246 (n=5)

Tableau 10 : Variation de l'activité de la catalase des reins (μmol H_2O_2 hydrolysé/min/mg de protéines) chez les rats mâles témoins et traités durant 15, 30, 60 et 90 jours

* : $p \leq 0.05$ par comparaison avec les rats témoins

n=5 : nombre de déterminations

	T	V	M	MV
15J	99,451±24,623 (n=5)	71,65±0,056 (n=5)	75,618±6,631 (n=5)	73,343±6,885 (n=5)
30J	109,251±9,999 (n=5)	143,599±16,547 (n=5) *	81,628±41,602 (n=5)	96,641±23,576 (n=5)
60J	87,094±5,831 (n=5)	108,969±5,462 (n=5)	86,556±15,213 (n=5)	89,059±12,561 (n=5)
90J	97,714±0,163 (n=5)	63,924±7,434 (n=5)	89,706±1,863 (n=5)	89,315±22,959 (n=5)

151

Tableau 11 : Variation de l'activité de la catalase des testicules (μmol H_2O_2 hydrolysé/min/mg de protéines) chez les rats mâles témoins et traités durant 15, 30, 60 et 90 jours

n=5 : nombre de déterminations

	T	V	M	MV
15J	52,404±6,785 (n=5)	75,206±18,824 (n=5)	90,592±13,145 (n=5)	75,266±7,811 (n=5)
30J	54,58±25,979 (n=5)	64,874±7,299 (n=5) *	56,303±14,535 (n=5)	55,880±6,131 (n=5)
60J	43,992±5,915 (n=5)	52,340±9,240 (n=5)	49,826±26,006 (n=5)	41,049±9,271 (n=5)
90J	85,794±5,802 (n=5)	67,650±10,725 (n=5)	63,059±1,215 (n=5)	76,75±10,658 (n=5)

Tableau 12 : Variation de l'activité de la SOD du foie (unité SOD/mg de protéines) chez les rats mâles témoins et traités durant 15, 30, 60 et 90 jours

* : $p \leq 0.01$ par comparaison avec les rats témoins

n=5 : nombre de déterminations

	T	V	M	MV
15J	24,597±2,089 (n=5)	36,29±10,148 (n=5)	22,477±1,05 (n=5)	22,534±10,617 (n=5)
30J	27,786±5,518 (n=5)	39,076±2,130 (n=5) *	26,945±10,099 (n=5)	23,673±6,532 (n=5)
60J	25,729±4,201 (n=5)	27,14±0,777 (n=5)	27,117±2,790 (n=5)	24,077±9,352 (n=5)
90J	24,074±9,946 (n=5)	21,184±0,673 (n=5)	24,46±6,995 (n=5)	22,752±5,082 (n=5)

Tableau 13 : Variation de l'activité de la SOD des reins (unité SOD/mg de protéines) chez les rats mâles témoins et traités durant 15, 30, 60 et 90 jours

* : $p \leq 0.05$ par comparaison avec les rats témoins

n=5 : nombre de déterminations

	T	V	M	MV
15J	20,146±1,855 (n=5)	25,462±1,452 (n=5)	20,990±4,961 (n=5)	21,411±0,329 (n=5)
30J	27,779±0,228 (n=5)	48,428±4,696 (n=5) *	21,749±6,935 (n=5)	25,213±2,157 (n=5)
60J	22,283±1,357 (n=5)	23,931±5,434 (n=5)	22,697±6,192 (n=5)	23,34±1,784 (n=5)
90J	20,498±1,155 (n=5)	17,743±2,185 (n=5)	19,847±2,142 (n=5)	21,644±4,532 (n=5)

Tableau 14 : Variation de l'activité de la SOD des testicules (unité SOD/mg de protéines) chez les rats mâles témoins et traités durant 15, 30, 60 et 90 jours

n=5 : nombre de déterminations

	T	V	M	MV
15J	24,652±0,717 (n=5)	25,586±0,980 (n=5)	24,098±1 (n=5)	27,856±2,766 (n=5)
30J	21,264±2,658 (n=5)	26,728±2,732 (n=5) *	21,339±2,398 (n=5)	24,887±8,226 (n=5)
60J	21,451±0,333 (n=5)	21,816±1,338 (n=5)	19,0005±3,387 (n=5)	21,771±2,608 (n=5)
90J	15,325±0,175 (n=5)	15,574±3,088 (n=5)	15,136±0,766 (n=5)	15,213±0,081 (n=5)

Tableau 15 : Variation de l'activité de la GSH-PX du foie (μmol GSH réduit/min/mg de protéines) chez les rats mâles témoins et traités durant 15, 30, 60 et 90 jours

* : p≤ 0.05 par comparaison avec les rats témoins

n=5 : nombre de déterminations

	T	V	M	MV
15J	0,097±0,074 (n=5)	0,170±0,071 (n=5)	0,0875±0,0025 (n=5)	0,102±0,004 (n=5)
30J	0,0945±0,0055 (n=5)	0,224±0,024 (n=5) *	0,0925±0,042 (n=5)	0,103±0,043 (n=5)
60J	0,156±0,012 (n=5)	0,144±0,014 (n=5)	0,135±0,015 (n=5)	0,128±0,089 (n=5)
90J	0,103±0,02 (n=5)	0,122±0,013 (n=5)	0,111±0,03 (n=5)	0,111±0,022 (n=5)

Tableau 16 : Variation de l'activité de la GSH-PX des reins (μmol GSH réduit/min/mg de protéines) chez les rats mâles témoins et traités durant 15, 30, 60 et 90 jours

* : p≤ 0.05 par comparaison avec les rats témoins

n=5 : nombre de déterminations

	T	V	M	MV
15J	0,182±0,042 (n=5)	0,237±0,121 (n=5)	0,314±0,197 (n=5)	0,162±0,031 (n=5)
30J	0,219±0,138 (n=5)	0,399±0,0075 (n=5) *	0,2065±0,0045 (n=5)	0,210±0,037 (n=5)
60J	0,1435±0,0495 (n=5)	0,1565±0,0255 (n=5)	0,1305±0,0845 (n=5)	0,0945±0,0115 (n=5)
90J	0,124±0,0525 (n=5)	0,1425±0,0145 (n=5)	0,126±0,0289 (n=5)	0,128±0,085 (n=5)

Tableau 17 : Variation de l'activité de la GSH-PX des testicules (µmol GSH réduit/min/mg de protéines) chez les rats mâles témoins et traités durant 15, 30, 60 et 90 jours

n=5 : nombre de déterminations

	T	V	M	MV
15J	0,0816±0,021 (n=5)	0,122±0,0096 (n=5)	0,0733±0,014 (n=5)	0,0793±0,035 (n=5)
30J	0,0785±0,021 (n=5)	0,128±0,042 (n=5) *	0,095±0,016 (n=5)	0,076±0,029 (n=5)
60J	0,0775±0,0365 (n=5)	0,1085±0,0005 (n=5)	0,0736±0,06 (n=5)	0,092±0,0043 (n=5)
90J	0,135±0,02 (n=5)	0,128±0,011 (n=5)	0,1325±0,0405 (n=5)	0,134±0,03 (n=5)

Printed by Books on Demand GmbH, Norderstedt / Germany